混凝土动态裂纹止裂技术

郎林 田爽 罗镇武 著

北 京
冶金工业出版社
2024

内 容 提 要

本书系统地介绍了混凝土动态裂纹的止裂方法和技术。全书共分7章，主要内容包括绪论、不同加载率下混凝土裂纹动态扩展特性、V型试样底边对运动裂纹的止裂、圆弧底部对运动裂纹的止裂、双止裂孔对运动裂纹的止裂、同时测量纯Ⅰ型和纯Ⅱ型裂纹起裂韧度的方法及结论等。

本书可供建筑工程、桥梁隧道工程、岩体工程及地下工程等领域的科研人员、工程技术人员和管理人员阅读，也可供高等院校相关专业师生参考。

图书在版编目（CIP）数据

混凝土动态裂纹止裂技术 / 郎林，田爽，罗镇武著. —北京：冶金工业出版社，2024. 11. -- ISBN 978-7-5240-0026-6

Ⅰ. TU755.7

中国国家版本馆 CIP 数据核字第 2024B7T664 号

混凝土动态裂纹止裂技术

出版发行	冶金工业出版社	电　话	(010)64027926
地　址	北京市东城区嵩祝院北巷39号	邮　编	100009
网　址	www.mip1953.com	电子信箱	service@mip1953.com

责任编辑　杜婷婷　美术编辑　彭子赫　版式设计　郑小利
责任校对　葛新霞　责任印制　窦　唯

北京印刷集团有限责任公司印刷
2024年11月第1版，2024年11月第1次印刷
710mm×1000mm　1/16；9.5印张；183千字；141页
定价 68.00 元

投稿电话　(010)64027932　投稿信箱　tougao@cnmip.com.cn
营销中心电话　(010)64044283
冶金工业出版社天猫旗舰店　yjgycbs.tmall.com

（本书如有印装质量问题，本社营销中心负责退换）

前　言

　　岩石和混凝土等脆性材料广泛应用于水电站大坝、核电站和桥梁隧道等工程结构中。由于价格低、分布广泛、易于取材和容易制作成各式各样的形状等优点，混凝土材料逐渐成为现代工业与民用建筑最常用的建筑材料之一。然而，在浇筑过程中混凝土内部不可避免地出现孔隙、夹杂、微裂纹或裂缝等缺陷，在外加冲击或爆炸等动态荷载作用下，它们就会凝聚成核且继续发展，随之出现宏观裂纹，严重时甚至导致结构破坏，这严重影响工业与民用建筑的安全和使用寿命。因此，研究裂纹动态断裂行为和开发裂纹止裂技术对工程结构的设计及评估维修具有重要的指导意义。

　　混凝土结构的破坏过程包括裂纹的起裂、扩展及贯通，最终导致整个工程结构破坏。本书针对混凝土内裂纹扩展特性提出了几种新构型试件，以期通过研究动态裂纹止裂和断裂特征，开发出适合动态裂纹止裂及断裂参数的新构型试件及相应的测试方法。本书首先采用混凝土侧开单裂纹梯形开口（single cleavage trapezoidal opening，SCTO）试件进行冲击断裂数值模拟，从中观测到裂纹止裂现象，但止裂是随机发生的，且比较分散，没有规律性，在对 SCTO 试件的冲击断裂试验中没有监测到裂纹止裂现象，故采用 SCTO 试件无法测试到裂纹止裂现象。为了有效监测裂纹止裂现象和研究裂纹止裂机制，基于应力波反射止裂的思想，改变 SCTO 试件构型后，提出了 3 种新的特殊构型试件，即带 V 型底边的半圆边裂纹（semi-circular edge crack with V-shaped bottom，SECVB）试件、带圆弧底部的上部梯形开口边裂纹（trapezoidal opening crack with arc bottom，TOCAB）试件和带双止裂孔的半圆边裂纹（large semicircular edge crack with two arrest-holes，LSECTH）试件。通过对这3种试件的冲击断裂试验和数值仿真，研究了裂纹的动态断裂特征和裂纹止裂机制。此外，本书还提出了一种双裂纹凹凸板（double-cracked concave-convex plate，DCCP）试件构型，用于同时测量纯Ⅰ型裂纹和纯Ⅱ型裂纹的动态起裂韧度。

本书由西华大学建筑与土木工程学院郎林副教授主笔，硕士研究生田爽、罗镇武等人参与了排版、修图、校核等工作。本书在编写过程中，得到四川大学朱哲明教授的指导和审定，并参考了有关文献资料，在此一并表示感谢。

由于作者水平所限，书中不妥之处，敬请广大读者批评指正。

作　者

2024年3月

目 录

1 绪论 ·· 1
  1.1 背景及意义 ··· 1
  1.2 混凝土断裂机理研究现状 ·· 2
  1.3 裂纹止裂研究现状 ··· 9
  1.4 主要内容和研究思路 ·· 11
    1.4.1 主要内容 ·· 11
    1.4.2 研究思路及技术路线 ··· 12

2 不同加载率下混凝土裂纹动态扩展特性 ··· 14
  2.1 引言 ··· 14
  2.2 材料动态参数测试和试验设备 ·· 15
    2.2.1 试件构型设计 ·· 15
    2.2.2 试件材料的准备 ··· 15
    2.2.3 材料动态力学参数测试 ·· 17
    2.2.4 冲击试验设备 ·· 19
    2.2.5 动态荷载的测量 ··· 21
  2.3 动态裂纹断裂特征及断裂参数的仿真分析 ······························· 22
    2.3.1 状态方程 ·· 22
    2.3.2 破坏准则 ·· 23
    2.3.3 数值模型建立 ·· 24
    2.3.4 裂纹扩展路径和断裂参数分析 ·· 25
    2.3.5 裂纹萌生、止裂和再起裂时的粒子速度 ···························· 30
  2.4 裂纹扩展速度和裂纹扩展时间的试验结果讨论 ························· 31
    2.4.1 裂纹扩展时间和裂纹扩展速度 ·· 31
    2.4.2 加载率对裂纹扩展速度和起裂时间的影响 ························· 33
  2.5 动态裂纹起裂韧度和扩展韧度的分析 ····································· 34
    2.5.1 位移外推法计算 SIF ··· 34
    2.5.2 普适函数的修正和 DSIF 计算 ··· 36

2.5.3　动态数值计算方法验证 ································· 38
　　2.5.4　加载率对动态断裂韧度的影响 ··························· 40
　　2.5.5　加载率对能量释放率的影响 ····························· 43
2.6　试件两端应力平衡讨论 ······································ 45
2.7　本章小结 ··· 46

3　V型试样底边对运动裂纹的止裂 ································ 47

3.1　引言 ··· 47
3.2　模型材料及测试系统 ·· 48
　　3.2.1　材料及试样制备 ······································ 48
　　3.2.2　试件几何尺寸 ·· 49
　　3.2.3　裂纹扩展计测试系统 ·································· 49
3.3　测试数据及动态裂纹扩展行为分析 ···························· 52
　　3.3.1　确定施加于试件上的荷载 ······························ 52
　　3.3.2　动态裂纹扩展行为分析 ································ 53
　　3.3.3　裂纹扩展时间和裂纹扩展速度 ·························· 56
3.4　动态裂纹扩展路径数值研究 ·································· 59
　　3.4.1　有限差分模型建立 ···································· 59
　　3.4.2　裂纹扩展路径数值仿真 ································ 60
3.5　动态断裂韧度分析 ·· 62
　　3.5.1　J 积分理论 ·· 62
　　3.5.2　有限元模型及 DSIF 计算 ······························ 64
　　3.5.3　裂纹扩展路径上的临界 DSIF 和裂纹扩展速度 ············ 66
　　3.5.4　裂纹扩展韧度与裂纹扩展速度的关系 ···················· 68
　　3.5.5　起始断裂韧度与加载率的关系 ·························· 68
3.6　本章小结 ··· 70

4　圆弧底部对运动裂纹的止裂 ··································· 71

4.1　引言 ··· 71
4.2　模型试件及试验数据 ·· 72
　　4.2.1　试件构型设计 ·· 72
　　4.2.2　材料准备和试件浇筑 ·································· 73
　　4.2.3　应变片和 CPG 监测的数据 ····························· 73
　　4.2.4　裂纹扩展速度及裂纹尖端位置 ·························· 77
4.3　裂纹扩展特征及断裂参数分析 ································ 78

4.3.1　有限差分模型建立 ································· 78
　　4.3.2　裂纹动态扩展特征 ································· 79
　　4.3.3　裂纹扩展路径上的水平压应力 ······················· 80
　　4.3.4　加载率对裂纹扩展长度的影响 ······················· 80
　　4.3.5　加载率对裂纹扩展速度的影响 ······················· 81
　4.4　临界动态应力强度因子分析 ······························ 82
　　4.4.1　ABAQUS 有限元模型 ································ 82
　　4.4.2　临界 DSIF 的确定 ································· 83
　　4.4.3　裂纹扩展中的临界 DSIF ···························· 84
　4.5　应力波在试件中的传播 ·································· 85
　4.6　本章小结 ··· 86

5　双止裂孔对运动裂纹的止裂 ································· 88

　5.1　引言 ··· 88
　5.2　试验材料和试件准备 ···································· 89
　　5.2.1　试验材料准备 ····································· 90
　　5.2.2　试验试件制备 ····································· 90
　5.3　动态荷载和裂纹扩展行为测试结果 ························ 91
　　5.3.1　加载荷载的确定 ··································· 91
　　5.3.2　CPG 的测试结果和裂纹扩展速度 ····················· 92
　　5.3.3　裂纹扩展路径特性 ································· 97
　5.4　裂纹扩展路径及裂纹分叉机理数值分析 ···················· 99
　　5.4.1　数值模型网格划分 ································· 99
　　5.4.2　材料模型 ·· 100
　　5.4.3　裂纹路径的模拟结果和测试结果 ···················· 100
　　5.4.4　裂纹路径上的水平压应力 ·························· 101
　　5.4.5　裂纹尖端的环向应力分析 ·························· 103
　5.5　本章小结 ·· 106

6　同时测量纯 I 型和纯 II 型裂纹起裂韧度的方法 ·············· 108

　6.1　引言 ·· 108
　6.2　模型试样及加载荷载 ··································· 109
　　6.2.1　模型试样和材料准备 ······························ 109
　　6.2.2　加载荷载的测量 ·································· 110
　6.3　裂纹尖端应力场及裂纹路径分析 ························· 112

  6.3.1 动态数值模型 …………………………………………… 112
  6.3.2 预制裂纹尖端应力 ………………………………………… 113
  6.3.3 预制裂纹尖端附近的裂纹路径 …………………………… 114
 6.4 测试结果及应力强度因子分析 ………………………………… 114
  6.4.1 动态裂纹萌生时间 ………………………………………… 114
  6.4.2 DCCP 试件的有限元数值模型 …………………………… 116
  6.4.3 裂纹萌生时动态应力强度因子的确定 …………………… 116
  6.4.4 动态起始断裂韧度分析 …………………………………… 118
  6.4.5 裂纹萌生时间与加载率和裂纹长度的关系 ……………… 120
 6.5 本章小结 …………………………………………………………… 121

7 结论 ………………………………………………………………… 122

参考文献 …………………………………………………………………… 124

1 绪 论

1.1 背景及意义

随着我国经济发展和城市化进程的加快,建筑工程的规模得到迅速发展。自 1998 年住房投资结构和分配方式改革以来,大量商品房开发项目进入市场,房屋建筑工程规模也迅速增长。同时,国家大力发展基础设施建设,比如公路、桥梁、水电站大坝、核电站、隧道和地下空间开发等。2019 年,我国城市轨道交通总里程为 6730 km,通车里程远高于其他国家。截至 2020 年 12 月 31 日,我国内地共有 44 座城市开通城市轨道运营。2020 年,在疫情和逆全球化的双重影响下,无论是个人还是企业都受到较大的影响,但我国城市轨道交通新增运营里程却再创新高,达 1208.9 km。我国已建成水库大坝和尾矿坝 10 万余座,1954—2013 年,已有 3526 座水库大坝发生溃决事故;2000—2012 年期间共发生桥梁破坏、垮塌等事故 122 例,其中 35% 是由于服役中后期病害、失效、服役条件重大变化等问题诱发的。截至 2020 年底,世界共有运行的核电站 457 座,其中中国 46 座,全球核电站已发生 17 起事故。

由于这些工程结构都涉及百姓的日常生活和生命安全,建筑工程和配套设施规模的急速增加也给后期的维护及安全使用带来不小的压力。在这些工程的建设过程中发生了一些质量安全事故,主要原因是工程结构出现裂纹,如在使用过程中由于外加冲击或爆炸荷载作用出现较多裂纹,很多未达到设计使用年限就因内部裂纹或表面裂纹的出现而不得不再次加固或拆除重建,这造成了重大经济损失,甚至危及公共安全。

为了预先防控工程结构的裂纹扩展,目前的常规做法是在工程结构设计时验算裂纹控制,并且还制定了一些相关的技术标准,如美国混凝土学会标准 *Building Code Requirements for Structural Concrete*(ACI 318-11)*and Commentary*、日本土木工程师协会制定的 *Standard Specific-ations for Concrete Structures*、中国的《混凝土结构设计规范》等。虽然这些规范都是以考虑一定的安全系数的正常使用极限状态来验算和保证工程结构的安全,但是经过设计的工程结构在外部静荷载长期作用或动荷载冲击下仍会出现微裂纹或裂缝。因此,混凝土材料或岩石材料所建造的建筑物的裂纹控制问题仍是现代工程界需要深入研究的重要问题。

近年来,国家加大力度对重要基础设施投资和建设,为了提高交通便利、满足工业与民用的用电需求和国防需要等,建设了大量的重大基础设施,比如长江三峡大坝、向家坝水电站、秦山核电站、广东大亚湾核电站、港珠澳大桥、南京长江大桥、秦岭终南山公路隧道、青藏铁路风火山隧道等。

由混凝土或岩石建造的房屋建筑、地铁工程、水库大坝、桥梁和隧道的使用寿命都不长,还常常在未达到设计使用年限就发生损害或倒塌。这些重要设施在使用过程中经常承受地震、撞击和爆炸等动态荷载作用,动态荷载下脆性材料断裂的动态响应不同于静力荷载下的响应,其裂纹尖端的应力场非常复杂,且动态荷载下工程结构也更容易破坏或倒塌。为了使建造的工程结构达到使用年限或使其使用时间更长,需要研究在外加荷载下裂纹扩展规律或断裂机理,更需要研究一种技术或方法来防止或阻止裂纹继续发展,为此,断裂力学被引入和应用于混凝土研究中。因此,裂纹止裂机制研究和开发裂纹止裂技术成为当前需要研究和解决的重要问题之一。

基于断裂力学理论和先前的研究基础,本书主要围绕动态荷载下脆性材料的裂纹发展规律进行了实验和数值研究,并重点对裂纹止裂和断裂参数进行探讨;尝试提出能够实现裂纹止裂和测试裂纹止裂现象的新的试件构型,并对冲击荷载下的动态裂纹的起裂、扩展和止裂全过程进行监测研究,分析动态裂纹扩展规律和裂纹止裂机制,以期开发一种可应用于脆性材料裂纹止裂测试的新方法或新技术。

本书有助于读者进一步理解动态裂纹扩展过程的全貌,深入理解动态裂纹的起裂、扩展及止裂全过程断裂特征及应力状态。动态裂纹止裂机制和裂纹止裂技术将为混凝土工程结构的设计提供新的理论基础,也为由脆性材料建造的房屋建筑、地铁工程、水库大坝、核电站、桥梁和隧道等建筑工程或公共基础设施的设计提供新的思路,同时为已有建筑工程或重要基础设施的评估维护和加固改造提供新的基础理论和解决方案。

1.2 混凝土断裂机理研究现状

断裂力学发展的起源可以追溯到 20 世纪初,1913 年 Inglis 发表了一项关于应力分析的开拓性工作,对中间存在椭圆形孔的无限线性弹性板的外边界处加载且对椭圆形孔进行分析,并在裂纹尖端观察到了应力奇异性。根据热力学第一定律,当系统从非平衡状态变为平衡状态时,能量将净减少。在 1921 年,Griffith 将这个概念应用于裂纹的形成中,通过分析脆性玻璃材料在长期施加应力下的尖锐裂纹,提出了一种基于能量平衡的破坏准则,认为裂纹扩展力等于裂纹扩展阻力,对脆性断裂机制进行了首次解释。根据该标准,裂纹扩展必须减少系统中一定量的累积势能,以克服材料的表面能。研究结果表明,裂纹尖端附近的应力趋于无穷大,也就是在裂纹尖端呈现应力集中现象。后来他还将最初仅承受拉应力的材料断裂概念扩展到双轴压缩载荷状态的断裂问题。1955 年,Irwin 和 Orowan 将 Griffith 关于理想脆性材料的断裂理论进一步发展,解释了大多数工程材料在裂纹尖端附近的局部塑性问题。后来,Irwin 根据现有的数学理论开发了一系列线性弹性裂纹应力场,分析结果表明,尖锐裂纹尖端附近的应力场显示出基本的奇异性变化。

在外加动态荷载作用下,裂纹破坏可以分为三种基本不同的失效模式,如图 1.1 所示。模式 I 是以 x-y 平面内的张开为特征,称为 I 型张开型裂纹,如图 1.1(a) 所示;模式 II 是以裂纹在 x 方向的滑移为特征,称为 II 型滑移型裂纹,如图 1.1(b) 所示;模式 III 是以裂纹在 z 方向相对位移的撕裂方式为特征,称为 III 型撕裂型裂纹,如图 1.1(c) 所示。

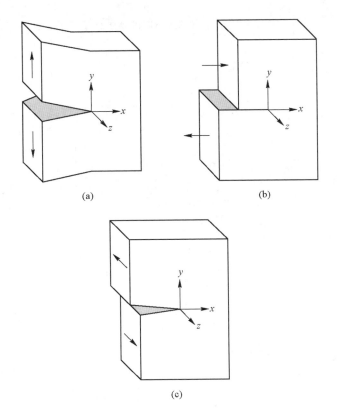

图 1.1 运动裂纹失效的三种基本模式
(a) 模式 I;(b) 模式 II;(c) 模式 III

基于直裂纹假设,可以得到 3 种失效模式的应力场和位移场公式。为了方便采用图 1.2 所示的极坐标系统来表示,并以裂纹尖端为坐标原点,则应力场和位移场分量可表达如下。

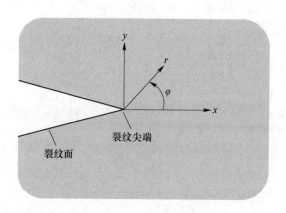

图 1.2 裂纹尖端的极坐标系

Ⅰ型裂纹的应力场分量表示为：

$$\sigma_x = \frac{K_{\mathrm{I}}}{\sqrt{2\pi r}}\left(\cos\frac{\varphi}{2} - \frac{1}{2}\sin\varphi\sin\frac{3\varphi}{2}\right) \tag{1.1a}$$

$$\sigma_y = \frac{K_{\mathrm{I}}}{\sqrt{2\pi r}}\left(\cos\frac{\varphi}{2} + \frac{1}{2}\sin\varphi\sin\frac{3\varphi}{2}\right) \tag{1.1b}$$

$$\tau_{xy} = \frac{K_{\mathrm{I}}}{2\sqrt{2\pi r}}\sin\varphi\cos\frac{3\varphi}{2} \tag{1.1c}$$

Ⅰ型裂纹位移场分量表示为：

$$u_x = \frac{K_{\mathrm{I}}}{2G}\sqrt{\frac{r}{2\pi}}(\kappa - \cos\varphi)\cos\frac{\varphi}{2} \tag{1.2a}$$

$$u_y = \frac{K_{\mathrm{I}}}{2G}\sqrt{\frac{r}{2\pi}}(\kappa - \cos\varphi)\sin\frac{\varphi}{2} \tag{1.2b}$$

Ⅱ型裂纹应力场分量表示为：

$$\sigma_x = \frac{K_{\mathrm{II}}}{\sqrt{2\pi r}}\left(-2\sin\frac{\varphi}{2} - \frac{1}{2}\sin\varphi\cos\frac{3\varphi}{2}\right) \tag{1.3a}$$

$$\sigma_y = \frac{K_{\mathrm{II}}}{2\sqrt{2\pi r}}\sin\varphi\cos\frac{3\varphi}{2} \tag{1.3b}$$

$$\tau_{xy} = \frac{K_{\mathrm{II}}}{\sqrt{2\pi r}}\left(\cos\frac{\varphi}{2} - \frac{1}{2}\sin\varphi\sin\frac{3\varphi}{2}\right) \tag{1.3c}$$

Ⅱ型裂纹的位移场分量表示为：

$$u_x = \frac{K_{\mathrm{II}}}{2G}\sqrt{\frac{r}{2\pi}}(\kappa + 2 + \cos\varphi)\sin\frac{\varphi}{2} \tag{1.4a}$$

$$u_y = \frac{K_{\mathrm{II}}}{2G}\sqrt{\frac{r}{2\pi}}(\kappa - 2 + \cos\varphi)\cos\frac{\varphi}{2} \tag{1.4b}$$

Ⅲ型裂纹应力场分量表示为：

$$\tau_{xz} = -\frac{K_{\mathrm{III}}}{\sqrt{2\pi r}}\sin\frac{\varphi}{2} \tag{1.5a}$$

$$\tau_{yz} = \frac{K_{\mathrm{III}}}{\sqrt{2\pi r}}\cos\frac{\varphi}{2} \tag{1.5b}$$

Ⅲ型裂纹位移场分量表示为：

$$u_z = \frac{2K_{\mathrm{III}}}{2G}\sqrt{\frac{r}{2\pi}}\sin\frac{\varphi}{2} \tag{1.6}$$

在式（1.1）～式（1.6）中，K_{I}、K_{II} 和 K_{III} 表示三种不同断裂模式的裂纹尖端的应力强度因子。在平面应变状态下为 $\kappa = 3 - 4\nu$，在平面应力状态下为 $\kappa = \frac{3-\nu}{1+\nu}$。从式（1.2）、式（1.4）和式（1.6）可知三种裂纹尖端的位移场是随 $r^{1/2}$ 变化的函数，故裂纹尖端场具有 $r^{1/2}$ 奇异性。裂纹尖端的状态或裂纹尖端奇点的幅度都可由应力强度因子来定义。也就是说，如果已知某一裂纹尖端的应力强度因子，则可以计算相应的裂纹尖端位移、应变和应力的所有分量，将其作为 φ 和 r 的函数。这种裂纹尖端的单参数描述被证明是断裂力学中重要的概念之一。

1956年，Irwin 提出了一种断裂能量方法，它相当于 Griffith 的能量模型的另一种表述，而且定义了能量释放率 G 为裂纹扩展时可消耗能量的度量，因此也称为裂纹扩展力或裂纹驱动力，在平面应力中能量释放率 G 可表达为：

$$G = \frac{\pi\sigma^2 a}{E} \tag{1.7}$$

式中　σ——应力；

　　　a——宽板中裂纹长度的一半长度；

　　　E——弹性模量。

上面已经介绍了能量释放率 G 和应力强度因子 K 两个描述裂纹行为的断裂参数。随裂纹扩展长度增加而势能的净变化量可定义为能量释放率，定量描述裂纹尖端附近的应力场、位移场和应变场的特征可定义为应力强度因子。能量释放率描述的是全局行为，而应力强度因子则是一个局部参数。对于线性弹性材料，K 和 G 存在如下关系：

$$G = \frac{K_{\mathrm{I}}^2}{E'} + \frac{K_{\mathrm{II}}^2}{E'} + \frac{K_{\mathrm{III}}^2}{2\mu} \tag{1.8}$$

式中 μ——剪切模量；

E'——弹性模量，平面应力状态时，$E'=E$；平面应变状态时，$E'=\dfrac{E}{1-\nu^2}$，其中 ν 为材料的泊松比。

应力强度因子和能量释放率这两个概念的引入使得裂纹尖端应力场和位移场能够在数学上公式化表示，随后裂纹断裂破坏行为问题的研究得到快速发展。许多研究人员将断裂力学理论引入到混凝土、岩石和 PMMA 等非金属脆性材料研究中。1958 年，Murrell 提出将 Griffith 理论应用到岩石材料研究中，分析了岩石断裂破坏行为。1959 年，Neville 在混凝土力学性能研究中应用了 Griffith 理论，较好地解释了混凝土的基本力学特征。1961 年，Kaplan 在他的研究工作中首次尝试将经典的线弹性断裂理论（LEFM）引入到混凝土研究中，通过三点弯曲和四点弯曲试验测试了带缺口混凝土梁的混凝土临界应变能释放率，研究结果表明，混凝土的临界应变能释放率取决于混凝土配合比、加载条件类型、初始缺口长度的相对尺寸和试件尺寸。此后，人们进行了大量的试验研究和数值研究来预测混凝土的断裂破坏行为。20 世纪 60 年代，研究人员在胶凝材料中使用线弹性断裂理论测量了断裂韧性，类似于对金属临界应力强度因子 K_{IC} 的试验测定。

此后，断裂力学理论在广大研究人员的努力下得到快速发展。Kesler 等人对大量带裂纹的水泥浆、水泥砂浆和混凝土试样进行了试验研究，根据对测试结果的分析，作者得出结论，线弹性断裂理论（LEFM）的概念不能直接应用于具有尖锐裂缝的胶凝材料。Glucklich 在混凝土裂纹扩展研究中引入了非线性关系，提出了修正的 Griffith-Irwin 断裂力学理论。Moavenzadeh 和 Kuguel 等人对不同尺寸的混凝土和水泥砂浆缺口梁试件进行试验并获得断裂参数，结果表明断裂参数与试件几何尺寸相关，并且在混凝土中与尺寸的关联性要大于在水泥砂浆中。Naus 和 Lott 采用三点弯曲梁对混凝土进行了试验研究，调查了水灰比、空气含量、砂灰比、养护龄期以及粗骨料的直径和类型对混凝土有效断裂韧度的影响，有效断裂韧度的规律性随混凝土参数的变化而变化。Brown 和 Pomeroy 使用缺口梁和双悬臂梁法确定了水泥浆和细骨料混凝土的有效断裂韧度，试验研究了骨料的尺寸和质量对有效断裂韧度的影响，发现骨料的添加不仅增加了断裂韧度，而且导致随着裂纹增长断裂韧度逐渐增加，骨料的比例越高，断裂韧度的增加就越大。对普通水泥砂浆和聚合物混凝土的断裂力学研究表明，这些材料的宏观裂纹扩展阻力不受水灰比和固化时间的影响，但通过聚合物浸渍可以大大增强。

许多研究工作者总结了以前在胶凝材料上进行的断裂试验和分析工作，并进行了许多研究尝试，将线弹性断裂力学和弹塑性断裂力学应用于胶结材料中以进行裂纹扩展研究，并且逐渐被接受的是，没有任何断裂力学参数可以唯一地量化对裂纹扩展的抵抗阻力。许多研究人员发现水泥材料的临界应力强度因子的值变化很大，这主要取决于试样的几何形状、试样的尺寸维度以及测量技术。但是很明显，在初始裂纹尖端之前的大部分区域都被微裂纹区和其他非弹性现象所包围，这些现象导致在达到不稳定性条件之前存在缓慢的裂纹扩展行为。表现出这种行为的原因是在一段断裂过程区（FPZ）中存在材料软化损伤。这说明需要一个以上的参数来量化混凝土等准脆性材料的断裂特性和裂纹扩展特征。

断裂过程区的存在使得混凝土断裂呈现强烈的非线性特征。图1.3中给出了适用于不同材料的断裂原理之间的基本区别。裂纹尖端前部的非线性区域由断裂过程区和塑性硬化区组成。应用线弹性断裂理论时，材料的非线性区域很小，如图1.3(a)所示。图1.3(b)显示了第二种情况，可应用于延性材料的非线性行为，其中非线性材料行为或塑性硬化的区域较大，而断裂过程区区域较小。第三种情况［见图1.3(c)］适用于混凝土类胶凝材料的非线性行为，此时断裂过程区区域大而塑性硬化区区域较小。

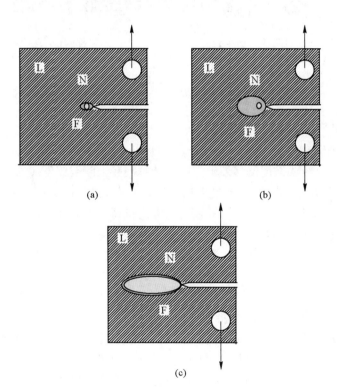

图 1.3 不同类型材料中的非线性区域类型
(a) 线弹性；(b) 非线性塑性；(c) 非线性准脆性
L—线弹性区；N—由塑性引起的非线性区；F—断裂过程区

试样在受到外加荷载时，在宏观裂纹形成之前存在一段相对较大且可变的损伤区域，该损伤区域称为断裂过程区（FPZ），如图 1.4 所示。混凝土断裂过程区的形成机制较为复杂，主要包括基质微裂纹、裂纹偏转、骨料的桥联、水泥与基质界面剥离以及裂缝的分叉等。为了精确测量断裂过程区的范围，许多学者采用直接方法和间接方法来测量断裂过程区区域的形状和大小，随之断裂过程区测量技术得到快速发展。其中，直接方法包括高速摄影方法、扫描电子显微镜方法和光学显微镜法，而间接方法包括红外振动热成像法、颜料渗透法、激光散斑干涉法、可塑性复合切割技术、超声测量技术及声发射技术。当裂纹的断裂过程区实际长度确定后，再结合含裂纹的数值模型就能获得较为准确的混凝土断裂韧度。

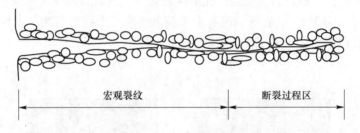

图 1.4 混凝土中的断裂过程区

Rice 提出了具有弹塑性断裂力学特征的 J 积分方法来表征弹塑性裂纹尖端场的强度，后来研究人员进一步修正获得应力强度因子 K 与 J 积分之间关系。Lawn 和郦正能等人介绍了采用位移外推方法来计算混凝土断裂韧度。这两种方法成为众多学者计算混凝土断裂韧度的常用方法，目前已经在有限元软件 ANSYS 和 ABAQUS 中得到应用。现有商用有限元软件具有高效率的计算能力、成熟的模型接口、友好的后处理界面和众多配套可兼容的前期建模程序，这可以解决从简单到复杂的几何问题、从静态到动态甚至超高速的断裂问题以及几何和荷载非线性问题。因此，应用有限元程序求解混凝土裂纹应力强度因子已经成为研究者普遍认可的方法之一。

以位移控制的单轴拉伸试验为代表的直接方法可用于表征混凝土的断裂性能，但是由于该试验难于有效实施，所以计算断裂韧度所需参数通常由间接方法获得。用于进行间接测试的方法通常包括三点弯曲梁试验（TPBT）、紧凑拉伸试验（CT）和楔形劈裂测试（WST）。但是在实际使用过程中发现它们存在试件的自重过大难于测试、试件中的钻孔难于制作、不方便进行加载等缺点，因此在不同测试状况下选取合适的试件构型是尤为重要的。

断裂试验发现混凝土在断裂过程区表现出明显的弹塑性行为，不能直接采用经典的线弹性断裂理论来分析。研究者们提出了一些非线性断裂模型，可以分为两类：第一类为基于有限元或边界元方法建立的断裂模型。典型的模型包括可消除网格依赖性的黏聚力裂纹模型、虚拟裂纹模型和裂纹带模型；第二类为引入弹性等效概念，将断裂过程区等效为一定长度的宏观虚拟裂纹，则裂纹的长度为自由裂纹长度和虚拟裂纹长度之和，再利用修正的线弹性断裂理论求解裂纹起裂和扩展问题，这类模型包括尺寸效应模型、两参数断裂模型、有效裂纹模型、基于内聚力的 K_R 曲线模型、双 K 断裂模型和双 G 断裂模型。这些模型被不同的研究人员提出并应用，解决了一些经典线弹性断裂力学未能解释的问题，为混凝土断裂力学的发展和完善作出了重要贡献且具有重要价值，目前这些混凝土断裂模型已经在许多商业有限元软件中得到应用和发展。

1.3 裂纹止裂研究现状

裂纹萌生依赖于结构材料的内部特征、外加荷载和温度、几何尺寸等，实际工程中很难保证不存在高应力区域或局部脆裂区域，也很难知道裂纹尖端周围的确切应力分布，应力尖端常常受到残余应力和局部应力集中的影响，由于这些原因，应用裂纹止裂技术将成为防止裂纹萌生的重要手段之一。裂纹止裂的概念在原理上很简单，如果所施加的裂纹驱动力小于对裂纹扩展的抵抗力，则在低断裂韧度区域中起裂后快速扩展的脆性裂纹将被阻止。

裂纹止裂技术首先在金属材料中得到开发和应用。为了防止机械设备过早破坏，需要对裂纹萌生和扩展行为进行评估，因此，阻止裂纹萌生和扩展对于维护机器元件以及检测裂纹萌生非常重要。大量研究人员已经开发了多种方法来阻止金属中裂纹的扩展。例如，通过在裂纹尖端上钻一个止裂孔的方法，可以将裂纹尖端的尖锐程度降低，裂尖曲率半径相应增加，并减小裂尖的应力集中，从而达到抑制或阻碍疲劳裂纹持续扩展的目的；提出了与冷加工有关的工艺方法，比如将螺栓、铆钉、销钉和其他干扰紧固件插入止裂孔；而且，在裂纹尖端附近引入凹坑或辅助孔可以引入残余的压应力并有效地阻止裂纹的增长；又或在裂纹尖端附近施加布氏压痕以延缓裂纹扩展的方法。这些研究表明，在裂纹尖端附近降低应力集中和引入残余压缩应力是阻止或延迟金属中裂纹扩展的最佳方法。

为了防止金属中的脆性裂纹萌生和扩展，在机械设备制造时止裂设计需要提前考虑和应用。为此，2009 年日本海事协会制定了关于脆性裂纹的止裂设计标准 *Guidelines on Brittle Crack Arrest Design*，2013 年国际船级社协会制定了超厚钢板止裂设计的相关标准规范（UR S33），提出了防止集装箱舱口舷侧围板厚钢板中的脆性裂纹扩展的基本设计程序，以阻止厚度小于 80 mm 的钢板的任何脆性裂纹扩展。这表明，裂纹止裂技术在金属材料中的应用已经非常成熟。但是，金属材料中以减小裂纹尖端应力集中的裂纹止裂方法并不适用于岩石或混凝土等脆性材料。

在岩石和 PMMA 材料等脆性材料的冲击试验中研究人员发现裂纹扩展存在突然停止和再起裂现象。Grégoire 等人采用透明有机玻璃 PMMA 和高速摄像机进行了霍普金森压杆冲击试验，指出裂纹扩展过程中存在止裂和再起裂现象。王蒙等人采用侧开单裂纹半孔板（SCSC）试样、高速摄影系统和 AUTODYN 软件研究了Ⅰ/Ⅱ型裂纹扩展特性，试验结果表明裂纹扩展路径是曲折的，在裂纹止裂处有明显的转折点。张财贵等人采用压缩单裂纹圆孔板（SCDC）试样研究了裂纹的动态扩展全过程，指出裂纹止裂是一种突发现象。Yanagimoto 等人对 PMMA 材料的复杂三维叠合结构进行试验，采用高速相机研究了动态裂纹扩展和止裂行为，认为裂纹尖端形状保持半椭圆形有利于裂纹止裂。张盛等人利用分离式霍普金森压杆对大直径的预裂人字形切槽巴西圆盘（P-CCNBD）试样进行冲击试验，研究了岩石的动态扩展和动态止裂过程，分析了裂纹速度振荡和扩展路径曲折现象。以上裂纹止裂和再起裂的研究在材料脆性断裂中具有很多实际意义，因为它使我们知道裂纹是如何萌生以及如何阻止正在扩展的裂纹，从而为水电站大坝、核电站、桥梁和隧道等的防护设计和质量评估提供依据。

后来，Ravi-Chandar 等人通过一系列试验后指出室内试验中试样尺寸较小的试件边界产生的应力波反射及波的相互作用可能是造成裂纹止裂的原因。Bradley 和 Kobayashi 通过光弹性等色图像法研究动态脆性裂纹扩展行为，并得出当某时刻裂纹应力强度因子低于准静态起始时刻的应力强度因子时，动态裂纹扩展停止了。Hoagland 等人通过断裂试验并对裂纹不稳定扩展和止裂现象分析后，推论裂纹止裂行为与承受荷载的试样中所存储的能量有关。Kanninen 通过考虑剪切变形以及平移和旋转惯性修正的弹性梁基础模型对双悬臂梁试件进行试验和分析，指出动能对维持不稳定的裂纹扩展和阻止裂纹起着重要的作用。Freund 提出裂纹止裂与试样几何形状和荷载条件有关，裂纹速度强烈依赖于特定的断裂能，裂纹速度在裂纹萌生和裂纹停止之间逐渐减小，并指出应力波的反射和相互作用显著影响了裂纹止裂。Kalthoff 等人提出当裂纹止裂时的应力强度因子值是一个常数，并且低于初始应力强度因子值。张财贵等人在使用 Split-Hopkinson 压力杆（SHPB）系统对岩石试件进行冲击试验时发现裂纹出现突然停止和再起裂现象，并指出裂纹的重新起裂是受到二次加载的结果。以上在岩石和 PMMA 材料等脆性材料的研究表明，冲击荷载作用下脆性材料的动态裂纹扩展过程中存在裂纹止裂现象，并且应力波的反射、波的相关作用或者二次加载等在裂纹扩展和止裂过程中发挥着一定作用。

近年来，在爆炸荷载作用下岩石或类岩石材料的裂纹止裂研究中取得了一些进展。Yang 等人指出，交替的拉应力和压应力可以降低裂纹尖端处的应力集中程度，从而引起裂纹止裂。Li 等人发现孔洞在爆破荷载作用下对向外扩展的裂纹起着阻止作用，两个孔洞的间距在阻止运动裂缝方面发挥着重要的作用。万端莹等人在爆炸试验中发现两个预先存在的平行裂纹对另一个运动裂纹有阻止其继续扩展的效果。这表明爆炸荷载作用下脆性材料的动态裂纹扩展过程中也存在裂纹止裂现象。

尽管以上研究已经获得了一些在冲击或爆炸荷载作用下有关脆性材料裂纹止裂的数据或结果，但是这些测试结果具有随机性和离散性，不便于系统性地研究动态裂纹止裂问题，并且至今仍无法确定正在扩展中的裂纹的止裂本质以及决定裂纹停止和再起裂的控制条件，也没有一个公认的测试岩石或混凝土材料的止裂韧度等断裂参数和研究动态裂纹止裂问题的标准试件构型和测试方法或技术。

1.4 主要内容和研究思路

1.4.1 主要内容

为了实现脆性材料中动态裂纹止裂和控制工程结构中的裂纹发展，基于应力波反射裂纹止裂的思想，改变试件构型形状后，提出了几种新的特殊的构型试件。基于落锤冲击装置对提出的五种新构型试件进行了动态断裂试验。本书主要采用试验和数值仿真两种研究方法对动态裂纹扩展、动态裂纹止裂和断裂参数进行研究。采用应变片和裂纹扩展计测试加载荷载、裂纹断裂时间和裂纹扩展速度，利用试验-数值方法计算动态应力强度因子和能量释放率等断裂参数。具体而言，本书将介绍如下内容：

（1）不同加载率下混凝土裂纹动态扩展特性。通过大尺寸 SCTO 试件和落锤冲击装置进行了各种加载率下的冲击动力学试验，采用裂纹扩展计测量动态裂纹断裂时间及裂纹扩展速度，利用 AUTODYN 程序数值研究了动态裂纹扩展全过程，并分析了裂纹起裂、止裂和再起裂的应力波传播和粒子速度方向，调查了加载率对裂纹动态扩展行为和动态断裂参数的影响。

（2）V 型试样底边对运动裂纹的止裂。采用落锤冲击试验装置对底边夹角为 120°、150°和 180°的大尺寸带 V 型底边的半圆边裂纹（SECVB）试件实施冲击试验，研究了裂纹动态扩展规律和止裂机制，利用有限差分程序 AUTODYN 对裂纹扩展行为进行了数值模拟，并用有限元程序 ABAQUS 计算了裂纹的动态应力强度因子（DSIF），根据 CPG 测量到的裂纹萌生时间和扩展时间来确定动态断裂韧度。

（3）圆弧底部对运动裂纹的止裂。采用落锤加载装置对 0°、60°、90°和 120°的细骨料混凝土 TOCAB 试件进行了冲击试验，采用裂纹扩展计测量裂纹扩展时间并计算裂纹扩展速度。采用 AUTODYN 程序对裂纹的萌生、扩展和止裂全过程进行了数值模拟，同时利用试验-数值法计算了裂纹动态断裂韧度。通过试验和数值方法对裂纹的动态扩展行为和圆弧底部对裂纹的止裂机理进行了分析探讨。

(4) 双止裂孔对动态裂纹的止裂。在落锤冲击设备下对具有不同两孔间距(35 mm、40 mm、45 mm、50 mm、55 mm、60 mm 和 70 mm)的 LSECTH 试件进行了冲击试验,测量了裂纹扩展至双圆孔之间区域的 CPG 电压台阶信号,并计算双圆孔之间区域的裂纹扩展速度变化规律,分析了动态裂纹遭遇双圆孔时裂纹断裂特征。随后利用 AUTODYN 程序建立双止裂孔试件仿真模型,数值分析了双圆孔间裂纹路径上的最大水平压应力与裂纹止裂的关系,探讨了裂纹尖端环向应力对裂纹扩展、偏转和分叉的影响,揭示了双圆孔对移动裂纹的止裂机制。

(5) 同时测量纯Ⅰ型和纯Ⅱ型裂纹起裂韧度的方法。本书提出了一种大尺寸双裂纹凹凸板(DCCP)试件构型,采用落锤冲击装置对不同预制裂纹长度和不同加载率的 DCCP 试件进行了冲击试验。采用应变片监测了加载荷载和裂纹起始时间。应用有限元软件 ABAQUS 数值计算了纯Ⅰ型和纯Ⅱ型裂纹的动态起裂韧度,并分析了不同加载率和下部预制裂纹长度对动态起裂韧度的影响。还利用有限差分程序 AUTODYN 对裂纹扩展路径进行了数值仿真,数值分析了预制裂纹尖端的应力场,并对裂纹尖端附近路径的仿真结果和试验结果进行对比验证。

1.4.2 研究思路及技术路线

实现具体目标的研究思路主要包括:

(1) 查阅动态裂纹扩展及止裂相关文献,了解国内外有关动态裂纹止裂的研究现状;

(2) 熟悉混凝土断裂力学及裂纹止裂技术相关的理论研究,得到裂纹起裂准则和动态裂纹断裂韧度计算原理,选择合适的试验设备,并通过冲击试验和数值模拟选择合适的研究试件构型;

(3) 提出了几种新的试件构型,包括 SECVB 试件、TOCAB 试件、LSECTH 试件和 DCCP 试件;

(4) 通过材料试验测试技术得到细骨料混凝土基本力学参数,为数值模拟研究裂纹扩展及止裂机制和计算动态断裂韧度提供参数;

(5) 通过落锤冲击断裂试验和数值模拟计算,得到不同加载率下裂纹起裂时间、扩展速度、裂纹止裂时间区间和动态断裂韧度等参数的变化规律,研究了反射应力波的传播、动态裂纹止裂机制、动态裂纹遭遇双止裂孔时裂纹分叉机制等。

具体简化技术路线如图 1.5 所示。

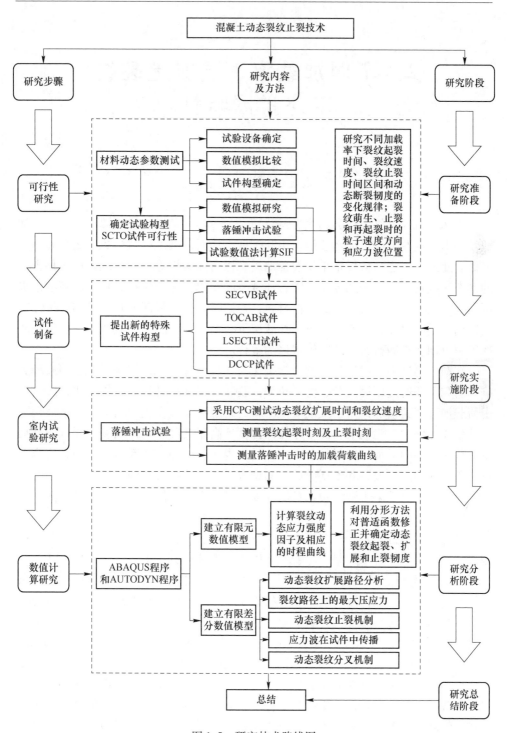

图 1.5 研究技术路线图

2 不同加载率下混凝土裂纹动态扩展特性

2.1 引　言

诸如岩石或混凝土之类的脆性材料通常会包含大量微裂纹或裂纹。在外部加载作用下，这些裂纹可能迅速地萌生和扩展，从而影响工程结构的稳定性和使用寿命。此外，工程结构经常承受包括地震、撞击和爆炸等动态荷载，这3种类型的动态荷载具有不同的加载率，随着加载率的变化，脆性材料的相应动态响应也剧烈地变化。对于包含裂纹的脆性材料，初始时刻的断裂韧度和裂纹响应特性已经得到广泛的研究，然而，在不同加载率下裂纹扩展韧度、扩展速度和能量释放率等裂纹动态扩展行为尚未得到很好的解释。

在动态测试中，脆性材料的力学响应与加载率有关。近年来，关于加载率影响的研究主要通过压缩试验、劈裂拉伸试验和断裂试验进行。结果表明，随着冲击荷载加载率的增加，岩石或混凝土材料的动态拉伸强度相应增加，能量消耗随加载率线性增加。脆性材料的动态拉伸强度远高于其静态拉伸强度，并且随着动态荷载应变率的增加，材料的动态拉伸强度也相应增加。在断裂测试中，研究人员使用不同的测试设备和不同的试样构型来研究裂纹扩展时间、裂纹扩展速度和起始断裂韧度。结果表明，裂纹扩展速度不是一个恒定值，裂纹起裂韧度随加载率的增加而增加。

最近，在霍普金森分离式压力杆（SPHB）冲击系统下材料的动态断裂性能测试方面取得了一些新成果。尽管 SHPB 测试系统得到了改进，但由于 SPHB 压力杆的尺寸仍然很小，因此只能使用小尺寸的试样进行冲击测试，在试样的自由边界处可能会产生反射波，这些反射的张拉应力波可能会与裂纹尖端的压应力波重叠，从而严重影响裂纹动力学参数的测试结果。为了避免这种不良影响，本书提出了一种大尺寸的侧开单裂纹梯形开口（single cleavage trapezoidal opening，SCTO）板型试件，并采用一种适用于大尺寸试样的落锤冲击装置进行断裂试验。

在冲击试验中，存在冲击装置的不稳定性、数据采集系统的系统误差和电压转换误差等问题。而且，由于试验条件的限制，在测试中忽略了一些可能影响测试结果的因素。但是，数值模拟可以重现整个试验过程，它可以验证测试结果并预测动态断裂性能，这些是试验技术无法实现的。因此，在岩石或混凝土动态断裂研究中采用了试验-数值方法。

尽管先前的研究表明加载率严重影响了脆性材料的动态断裂性能，但是仍然存在一些不清楚或部分不清楚的特性，例如在不同加载率下的裂纹扩展速度、裂纹止裂特征和裂纹扩展韧度。因此，在这项研究中，采用落锤冲击装置和SCTO试件进行了冲击动力学试验，调查了加载率对裂纹动态扩展行为和动态断裂参数的影响。AUTODYN程序已广泛应用于冲击荷载作用下的岩石或混凝土动力响应研究中，因此，它被用于模拟本书中的动态裂纹扩展行为。

2.2 材料动态参数测试和试验设备

为了调查脆性材料的裂纹动态扩展规律及断裂行为，使用SCTO试件和落锤冲击设备进行了不同加载率下的动力学试验。

2.2.1 试件构型设计

在近几十年中，研究人员提出了许多用于研究裂纹动态断裂行为的构型试件，例如半圆盘弯曲试件、人字形切槽巴西圆盘试件、巴西圆盘试件和中心圆孔切槽巴西圆盘试件。但是，这些试样的尺寸都很小，因此裂纹动态响应可能会受到反射拉应力波的影响。而且小尺寸试件仅有有限的裂纹扩展空间，难以有效观测裂纹扩展行为。于是，研究者们提出了几种大尺寸试件构型，比如侧开单裂纹半圆孔板试件、带裂纹的隧道模型试件和大尺寸单裂纹半圆形抗压试件。由于这些构型试件具有圆弧形边界，不便于试样的浇筑或预制，于是本章提出了一种大尺寸的侧开单裂纹梯形开口（SCTO）试件，如图2.1所示。该试件构型有足够大的裂纹扩展空间，并且还易于浇筑成型。

如图2.1所示，SCTO试件的宽度为26 cm，高度为35 cm，厚度为3 cm。在试件的上边缘的中间有一个梯形的开口。预制裂缝从梯形开口底边的中点开始，沿试件的对称轴向下延伸。预制裂纹的长度可以根据需要进行调整。在本试验研究中，预制裂纹的长度设置为5 cm，宽度设置为0.1 cm。

2.2.2 试件材料的准备

在本次试验中，为了更好地观察动态裂纹扩展规律，选择了细骨料混凝土来制作SCTO试件。细骨料混凝土是由水、水泥、砂子、粉煤灰和减水剂混合搅拌而成，各成分混合比例为300∶490∶1300∶50∶7.35。水泥采用在基础设施工程中常用的普通硅酸盐水泥P.O 42.5R。砂子采用本地河砂，其颗粒级配如图2.2所示。砂子的颗粒级配曲线位于《建设用砂》（GB/T 14684—2022）规定的Ⅱ类2区域的上限值和下限值之间，因此它属于中粗砂，细度模数为2.6。粉煤灰采用

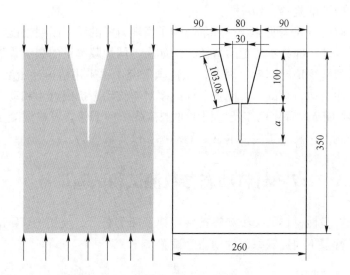

图 2.1　SCTO 试件的加载示意图和几何尺寸（单位：mm）

代市发电厂的 II 级粉煤灰，水采用本地自来水。浇筑了 6 个立方体试样、6 个巴西圆盘试样和 6 个六面体试样用于测试细骨料混凝土的动态抗拉强度、密度、波速和其他力学参数。

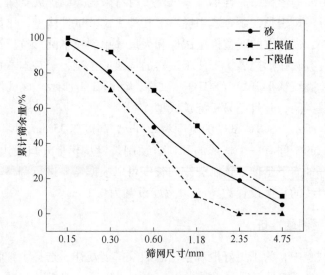

图 2.2　细骨料筛分曲线

使用细骨料混凝土材料总共浇筑了 30 个 SCTO 试件。所有试样和试件按照以下程序制作：首先，将混合的细骨料混凝土倒入钢模板中，然后在振动台上振动；待细骨料混凝土终凝时间后，除去钢模板；将试件在室温条件下放置 24 h；

然后转移到严格控制温度和湿度的养护室中,在养护室中维持 30~40 天,直到测试时间为止。

2.2.3 材料动态力学参数测试

本章主要研究裂纹动态扩展行为和计算相关动态断裂参数,选择试验-数值方法计算动态断裂韧度等断裂参数,首先应准确测试试验材料的动态力学参数,其中,纵波波速 C_p 和剪切波波速 C_s 的测试采用超声波波速测试仪器 RSM-SY5(T)进行(见图 2.3),它能够准确地测量纵波波速 C_p 和剪切波波速 C_s 传播情况,因为该设备包含压电传感器、波形发生器、前置放大器和数值存储示波器。根据纵波波速 C_p 和剪切波波速 C_s 的测试值,细骨料混凝土材料的动态弹性模量 E_d、动态泊松比 μ_d 和瑞雷波波速 C_R 可以通过式(2.1)~式(2.3)计算确定:

$$E_d = \rho C_p^2 \frac{(1+\mu_d)(1-2\mu_d)}{1-\mu_d} \quad (2.1)$$

$$\mu_d = \frac{(C_p/C_s)^2 - 2}{2[(C_p/C_s)^2 - 1]} \quad (2.2)$$

$$2 - \frac{C_R^2}{C_s^2} = 4\left(1 - \frac{C_R^2}{C_p^2}\right)^{1/2} \cdot \left(1 - \frac{C_R^2}{C_s^2}\right)^{1/2} \quad (2.3)$$

式中,ρ 为细骨料混凝土材料的密度。

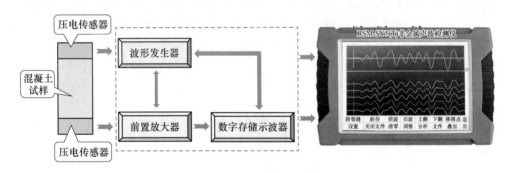

图 2.3 超声波波速测试示意图

利用 6 组边长 100 mm、高度 300 mm 的六面体混凝土试样和 RSM-SY5(T)超声波波速测试仪器测量了细骨料混凝土材料的纵波波速 C_p 和剪切波波速 C_s。试验之前将凡士林润滑剂均匀涂抹在试样的上下端面,这样可以减小试件与压电传感器之间的摩擦阻力及端部效应的影响,测试结果详见表 2.1,随后将纵波波速和剪切波波速的测试结果代入式(2.1)~式(2.3),瑞雷波波速 C_R 和弹性常数 E_d、μ_d 就很容易得到,随后细骨料混凝土的力学参数详见表 2.2。

表 2.1　细骨料混凝土动态力学参数试验结果

试样编号	$C_p/(\text{m}\cdot\text{s}^{-1})$	$C_s/(\text{m}\cdot\text{s}^{-1})$	E_d/GPa	μ_d
1	3945	2312	28.90	0.2384
2	3816	2279	27.73	0.2227
3	3796	2348	28.65	0.1901
4	3824	2406	29.63	0.1723
5	3756	2309	27.84	0.1962
6	3806	2396	29.36	0.1717

表 2.2　细骨料混凝土材料的基本力学参数

弹性模量 E_d/GPa	泊松比 μ_d	密度 $\rho/(\text{kg}\cdot\text{m}^{-3})$	动态抗拉强度 σ_{td}/MPa	纵波波速 $C_p/(\text{m}\cdot\text{s}^{-1})$	剪切波波速 $C_s/(\text{m}\cdot\text{s}^{-1})$	瑞雷波波速 $C_R/(\text{m}\cdot\text{s}^{-1})$
28.69	0.20	2183	28.88	3823.8	2341.6	2126.9

在动态冲击加载过程中，动态拉伸强度是混凝土材料的一个重要的力学参数。由于动态加载下，必须充分考虑动态加载率对混凝土材料动态拉伸强度的作用，采用测试混凝土材料常用的立方体劈裂试验难以准确测量动态抗拉强度，借鉴国内外相关的研究成果并参考测试岩石的动态抗拉强度方法，采用 80 mm 直径的分离式 SHPB 装置对巴西圆盘试样实施不同加载速度的劈裂试验，从而对细骨料混凝土的动态拉伸性能进行测试。巴西圆盘劈裂试验是一种间接抗拉强度测量方法，通过一对平衡力加载作用于试样两端，试样沿径向呈拉伸破坏状态。试样中心的动态抗拉应力可由式（2.4）计算：

$$\sigma_{td} = \frac{E_{rod}A_{rod}}{\pi DL}(\varepsilon_i(t) + \varepsilon_r(t) - \varepsilon_t(t)) \tag{2.4}$$

式中　σ_{td}——动态抗拉应力；

　　　A_{rod}——SHPB 压杆的横截面面积；

　　　E_{rod}——SHPB 压杆的弹性模量；

　　　$\varepsilon_i(t)$——入射应变；

　　　$\varepsilon_r(t)$——反射应变；

　　　$\varepsilon_t(t)$——透射应变；

　　　L——巴西圆盘试样的厚度；

　　　D——巴西圆盘试样的直径。

动态抗拉强度测试所采用的巴西圆盘试件几何尺寸为直径 50 mm 和厚度 30 mm，随后将试件置于 SHPB 的入射杆和透射杆之间，进行动态劈裂试验，测试获得的数据和试样破坏结果如图 2.4 所示,随后对 SHPB 测试得到的试验数据进行数据处理,由入射波与透射波的应力叠加获得拉伸应力时程曲线,故拉伸应力时程曲线的最大值即为该细骨料混凝土材料的拉伸应力,即最大拉伸应力确定为细骨料混凝土试样的抗拉强度,细骨料混凝土动态拉伸强度见表 2.3,最后求解每组试验数据的平均值得到表 2.3 所示的细骨料混凝土材料的基本力学参数。

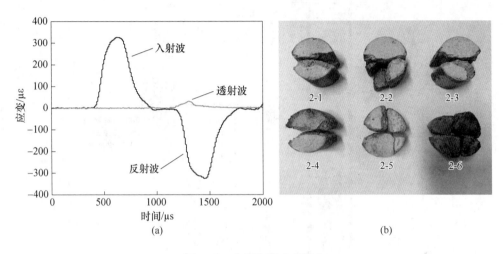

图 2.4　动态劈裂试验测试
(a) 试验数据；(b) 试样破坏结果

表 2.3　细骨料混凝土动态拉伸强度测试结果

试样编号	D/mm	L/mm	σ_{max}/MPa	σ_{td}/MPa
2-1	49.46	31.30	27.89	28.88
2-2	49.50	32.22	30.93	
2-3	49.30	31.30	26.47	
2-4	49.34	31.26	25.65	
2-5	49.32	32.44	29.94	
2-6	49.36	32.54	32.37	

2.2.4　冲击试验设备

为了实现动态冲击断裂试验,采用基于 SPHB 原理设计的且适用于大尺寸试件的落锤冲击加载装置,它包括落锤、入射板、透射板、基底减震器和数据采集系统，其工作原理如图2.5所示。冲击试验设备各部件的尺寸和材料参数在表2.4中列出。

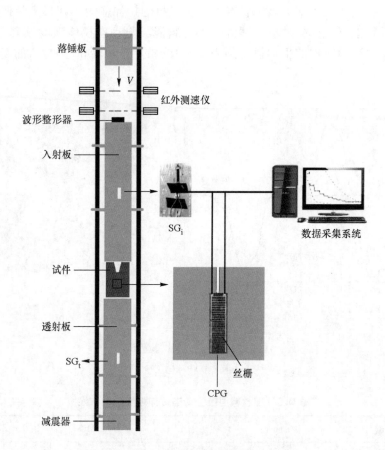

图2.5 冲击试验设备

表2.4 冲击测试系统各个部件的力学参数

冲击设备的各部件	材料	泊松比 μ_i	密度 ρ_i /(kg·m^{-3})	弹性模量 E_i /GPa	纵波波速 C_{pi} /(m·s^{-1})	几何尺寸/cm		
						厚度	宽度	长度
落锤板	STEEL	0.25	7850	205	5900	3	48	15
入射板	LY12CZ	0.3	2800	71.72	5005.5	3	30	300
透射板	LY12CZ	0.3	2800	71.72	5005.5	3	30	200
波形整形器	Copper	0.34	8600	110	3858	3	30	2

试验之前，将落锤板升高到试验所需要的高度，将细骨料混凝土试样放置于

入射板与透射板之间，并使用两个高强度钢板夹住试件以防止试件弯曲，然后释放落锤撞击入射板实施冲击断裂试验，通过数值示波器和数据采集系统得到入射板和透射板的电压信号时程曲线。按照动态试验的需要能够选择不同的落锤板冲击高度，通过电动阀门提升和下放落锤板，落锤板冲击高度 H 可达 $0\sim10$ m，高度采用红外线测距仪进行测试，随后根据公式 $v=\sqrt{2gH}$ 计算冲击落锤下落的冲击速度，其中 g 为重力加速度。

为了有效传递应力和减小摩擦效应的影响，将凡士林润滑剂涂在入射板和透射板与试件之间的接触表面上。为了获得理想的加载波形，将黄铜材料制作的波形整形器牢固固定于入射板的顶端，这样既可以减少高频振荡产生的弥散效应，也能适当延长波长的加载时间。透射板的底部设置混凝土阻尼器，以便吸收传递到透射板底部的应力波，防止应力波的反射现象影响测试数据的采集。混凝土阻尼器也通过定向钢条固定，避免其在平面外方向的位移。

2.2.5 动态荷载的测量

如图 2.5 所示，将两个高精度应变片（SG_i 和 SG_t）分别粘贴在入射板和透射板的中点。在测试中，两个应变片的电压信号由示波器收集并通过数据采集系统记录和保存。在冲击速度为 4.363 m/s 时，超动态电阻应变仪记录的细骨料混凝土材料的电压信号历史曲线如图 2.6(a) 所示，相应的应变由 ORIGIN 软件除噪后计算可得。应变可以进一步转换为 SCTO 试件顶部和底部的动态荷载 $\sigma_{\text{top}}(t)$ 和 $\sigma_{\text{bot}}(t)$，它们可以表示为：

$$\begin{cases} \sigma_{\text{top}}(t) = E_i \dfrac{A_i(\varepsilon_i(t)+\varepsilon_r(t))}{(A-A_T)} \\ \sigma_{\text{bot}}(t) = E_t \dfrac{A_t\varepsilon_t(t)}{A} \end{cases} \tag{2.5}$$

式中　下角 i,r,t——入射波、反射波和透射波的下标；

E——弹性模量；

ε——由电压信号转换而来的正应变；

A——试件的横截面面积；

A_T——试件的上部梯形开口的横截面面积。

将 $\sigma_{\text{top}}(t)$-时间历史曲线的斜向直线段定义为加载率，加载率可用 ORIGIN 程序求导计算得到。对于细骨料混凝土 SCTO 试件，在冲击速度为 4.363 m/s 时用高精度应变片测得的动态荷载时程曲线如图 2.6(b) 所示，从图中可知此时 SCTO 试件的加载率为 312.79 GPa/s。

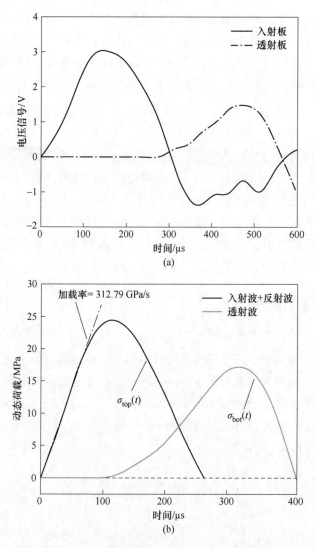

图 2.6 在冲击速度 4.363 m/s 下 SCTO 试件的加载曲线
(a) 电压信号随时间变化曲线；(b) 动态荷载随时间变化曲线

2.3 动态裂纹断裂特征及断裂参数的仿真分析

2.3.1 状态方程

在冲击荷载下，细骨料混凝土材料受到都是小压力或小变形，这些在热力学上的变化都不大，实际上材料的体积和密度的改变与受到的压力相关，因此，线性状态方程（EOS）被用来描述细骨料混凝土的力学特性。对于该落锤冲击装置中的其他部件材料，试验中的压力或变形都很小，因此在数值模拟中也采用了线性状态方程，见式（2.6）：

$$P = k \cdot \left(\frac{\rho}{\rho_0} - 1 \right) \tag{2.6}$$

式中　P——压力；
　　　k——体积模量；
　　　ρ——当前密度；
　　　ρ_0——初始密度。

2.3.2　破坏准则

该落锤冲击试验机中的所有部件都不能进入屈服状态，因此它们不需要应用屈服准则，但对于细骨料混凝土材料破坏行为的表征，数值模型中采用的材料模型需要充分考虑材料强度和裂纹断裂参数，因此，此处采用了具有拉伸断裂软化损伤准则的最大主应力屈服模型。

本书采用最大主应力破坏准则来描述动态荷载作用下细骨料混凝土材料的失效行为，即当一个材料单元的最大主应力或剪应力超过材料允许的最大抗拉强度或剪切强度时，这个材料单元就将失效破坏，它可以表示为：

$$\sigma_{\max} \leq \sigma_{td} \quad \text{或} \quad \tau_{\max} \leq \tau_{td} \tag{2.7}$$

式中　$\sigma_{\max}$——破坏时最大主应力；
　　　σ_{td}——动态抗拉强度允许值；
　　　$\tau_{\max}$——破坏时最大剪切应力；
　　　τ_{td}——最大剪应力允许值。

细骨料混凝土材料属于一种典型的脆性材料，其内部含有较多的孔隙或微裂缝，当受到外部冲击荷载作用时，大量微裂纹将凝聚成核导致内部裂纹起裂并扩展，随后宏观裂纹出现，最终整个试件发生破坏。于是，在采用最大主应力准则时，还选择拉伸断裂软化损伤破坏（Crack Softening，CS）准则来描述细骨料混凝土的失效行为，如图2.7所示。该图给出了该模型中单元能够承受的最大抗拉应力与应变之间的关系，同时利用损伤因子 D_f 来描述细骨料混凝土单元在失效过程中逐渐失去抗拉能力的破坏行为，其关系如下所示：

$$D_f = \frac{\varepsilon^{cr}}{\varepsilon^u} = \frac{\varepsilon^{cr} \sigma_T L}{2 G_C} \tag{2.8}$$

式中　ε^{cr}——单元初始破坏的应变；
　　　ε^u——单元完全破坏时的应变；
　　　σ_T——单元的动态拉伸强度；
　　　L——最大主应力方向的单元尺寸；
　　　G_C——能量释放率。

其中，某一单元逐渐开始发生破坏时，单元能够抵御的最大主应力与动态抗拉强度和损伤因子 D_f 的关系见式（2.9）：

$$\sigma_{max} = \sigma_T(1 - D_f) \quad (2.9)$$

当单元失效以后，则不能再承受拉应力或者剪切应力，此时，$\sigma_{max} = 0$。

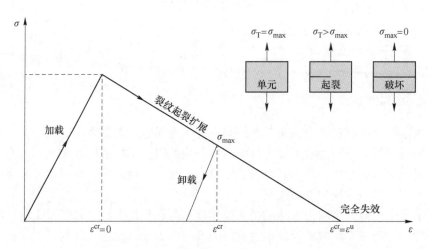

图 2.7 裂纹软化模型中应力与应变之间的关系

2.3.3 数值模型建立

为了验证该试件构型设计的合理性和预测试验结果，采用动力学分析软件对 SCTO 试件进行动态裂纹扩展速度的初步计算，选择不同冲击加载速度进行冲击加载数值模拟，分析了动态裂纹扩展速度、起裂时间的变化趋势及止裂时间区间变化规律，还分析了裂纹起裂、止裂和再起裂时的粒子速度和应力波位置变化趋势。

根据图 2.5 所示的冲击试验装置，图 2.1 所示的 SCTO 试件构型，按照 1∶1 的比例建立了包含冲击装置各组成部件和试件的数值模型。单元网格划分示意图如图 2.8 所示，采用非结构四边形单元对冲击装置和 SCTO 试件进行网格划分。SCTO 试件的网格单元数量为 157800 个。网格单元的最小尺寸为 1.0 mm × 1.0 mm，裂纹尖端设置为一个单元大小。为了有效传递应力波，试件和冲击装置的入射板和透射板之间设置有 0.08 mm 的间隙，如图 2.8 所示。试件两侧边为自由边界，试件上端与入射杆连接，试件下端与透射杆连接，设备底部的减震器底边设置为透射边界，数值计算时给予落锤一个初始向下的冲击速度进行加载。

本书采用细骨料混凝土作为模型试验材料，材料受到的压力和变形都很小，强度模型采用线弹性模型，破坏准则采用最大主应力准则，同时结合拉伸断裂软化损伤破坏模型来描述试件的失效行为。数值模型中的材料力学参数根据表 2.3

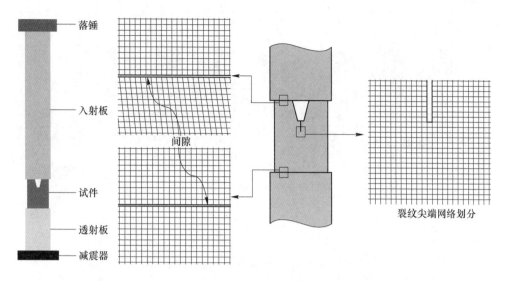

图 2.8　SCTO 试件及冲击设备的网格划分示意图

中所列参数进行设置。落锤板加载速度设置从 1.5 m/s 到 10 m/s，以 0.5 m/s 为增量，随后对细骨料混凝土试件进行数值计算，从而获得 17 组数值计算数据，最后对不同落锤板加载速度的数值计算数据进行分析和统计。

AUTODYN 软件是一款非线性动力学求解有限差分法数值分析工具，由 Century Dynamics 公司于 1985 年正式推出，并随后引入了 2D 计算模块。该软件是使用有限差分技术解决固体动力学中各种非线性问题的通用工程软件集成模块，该软件所研究的对象能够表征为高度时间依赖性，同时具有几何非线性和材料非线性。AUTODYN 软件已被广泛应用于动态断裂的研究，因此本书采用该软件进行了数值模拟研究。

2.3.4　裂纹扩展路径和断裂参数分析

在以上建立的数值模型中，将加载冲击速度设置为 4.5 m/s 进行数值计算，得到 SCTO 试件裂纹扩展路径以及应力云图（见图 2.9），在 179.3 μs 时刻裂纹开始起裂，然后一直沿着试件中轴线向下扩展，裂纹尖端前部的拉伸应力一直保持最大值，从图中可以看出 SCTO 试样的裂纹路径为竖向直线，是以最大主应力超过材料抗拉强度后单元破坏为主的断裂特征，这是由拉应力引起的典型的 I 型断裂特征。说明可以监测裂纹路径上的每个单元的最大主应力达到材料拉伸强度后破坏时的时间来计算裂纹扩展平均速度。

在动态断裂试验中，包括裂纹起裂时间、止裂时间区间和扩展速度等试验数据都是动态断裂问题研究的关键数据，它们还将应用于后面的断裂韧度分析中。因此，为了研究动态裂纹速度随不同加载荷载的变化趋势，在数值仿真研究中，

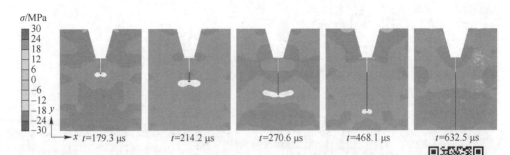

图 2.9 冲击速度 4.5 m/s 下裂纹扩展路径图和应力云图

在数值模型的裂纹扩展路径上从上至下布置一系列间隔为 1.0 mm 的监测点,如图 2.10 所示。当一个网格单元的最大主应力超过材料的抗拉强度后,单元随之破坏呈现完全失效状态,该监测点的最大主应力值快速减小至零,代表裂纹运动到这一监测点处,如 t_1、t_2、t_3、t_4 时刻分别表示裂纹扩展至监测点 1、36、86、110 位置时的裂纹断裂时间,随后根据监测点间距和各单元的破坏时间差,并通过计算可以得到裂纹扩展的平均速度,如图 2.11 所示。

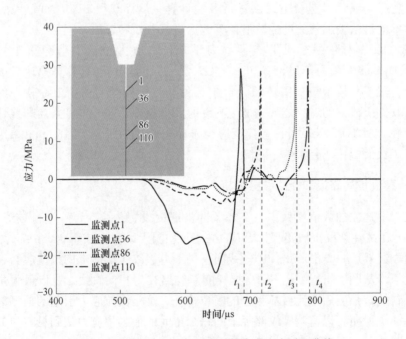

图 2.10 裂纹路径上监测点的最大主应力时程曲线

从图 2.11 中可以看出裂纹扩展速度沿裂纹扩展长度上下波动较大且并不恒定,在加载速度为 2.5 m/s 时,裂纹扩展速度最小值为 17.2 m/s,裂纹扩展速度最大值为 1225.5 m/s，裂纹扩展速度平均值为 478.6 m/s。当裂纹扩展长度到达 85 mm 时，裂纹扩展速度为 29 m/s；当裂纹扩展长度到达 187 mm 时，裂纹扩展速度为 17.2 m/s，在裂纹扩展长度为 85 mm 和 187 mm 时的裂纹扩展速度远远小于其他裂纹扩展速度，表明在这两个位置处发生了止裂现象。

图 2.11 中还给出了冲击速度为 4.5 m/s、6.5 m/s 和 8.5 m/s 时的裂纹扩展速度随裂纹扩展长度的变化曲线，可以看出裂纹扩展速度不是一个常数，一般情况下，裂纹扩展初始阶段的速度较低，这是因为裂缝不能在压缩波作用下立即萌生。在裂纹扩展过程中，出现了与冲击速度 2.5 m/s 时类似的裂纹止裂现象，并且这种现象发生了不止一次，但比较分散没有规律性。值得注意的是，许多止裂

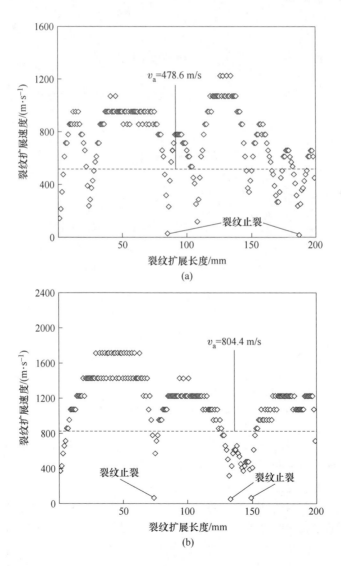

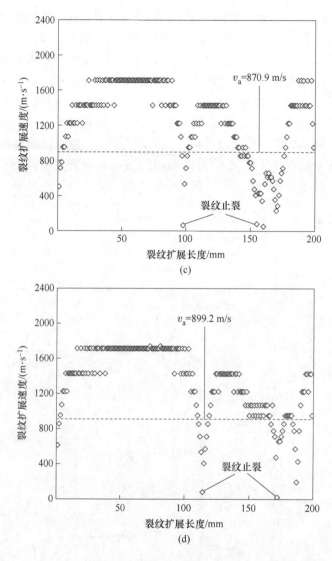

图 2.11 不同冲击速度下裂纹扩展速度随裂纹扩展长度变化的模拟结果

(a) 冲击速度为 2.5 m/s 时；(b) 冲击速度为 4.5 m/s 时；
(c) 冲击速度为 6.5 m/s 时；(d) 冲击速度为 8.5 m/s 时

现象发生在裂纹扩展计（CPG）覆盖范围之外的地方（44 mm），因此大多数止裂现象不能被试验中的裂纹扩展计（CPG）监测到。

随后将冲击速度为 1.5～10 m/s 内的 17 组不同加载荷载下裂纹起裂时间、止裂时间区间及平均裂纹扩展速度进行数据处理。基于入射端动态荷载曲线的弹性段斜率，将冲击速度等效为加载率，从而获得如图 2.12 所示的不同动态加载率下裂纹平均裂纹速度和止裂时间区间的变化曲线。图 2.12(a) 给出了裂纹平均扩展速度随加载率变化曲线,从中可以看出裂纹的平均扩展速度随加载率的增加而增大,当加载率超过 370 GPa/s 时,裂纹平均扩展速度趋于一个常数,约为瑞雷波速度的 40%。图 2.12(b)给出了裂纹扩展过程中最长止裂时间区间随加载率变化曲线,从中可以看出最长止裂时间区间随加载率的增加而减小。这是因为随着加载率的增加,加载能量就变得更多,混凝土试件裂纹的再次起裂时获得的能量就更多,相应的裂纹止裂时间区间就变得更小。

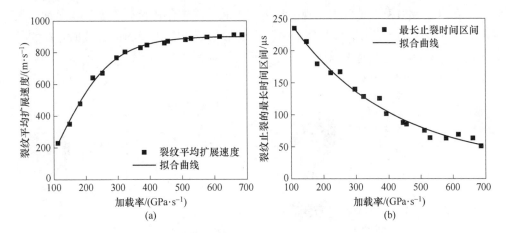

图 2.12 裂纹平均扩展速度和止裂时间区间随加载率变化曲线
(a)裂纹平均扩展速度随加载率变化曲线;(b)止裂时间区间随加载率变化曲线

图 2.13 中给出了裂纹起裂时间随加载率变化趋势曲线,从图中可以看出起裂时间随加载率的增加而减少,并且当加载率超过 350 GPa/s 时,起裂时间趋于

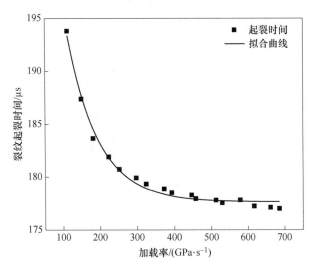

图 2.13 不同加载率下裂纹起裂时间

恒定。引起起裂时间不断变化的主要因素是由于加载率越大，混凝土试件裂纹获得的加载能量就越多，那么就可以在更短的时间内驱使裂纹萌生。在细骨料混凝土材料中应力波从试件的顶端传播到达裂尖所用时间是固定的，因此随着加载率的增加预制裂纹萌生时间将无限接近这段时间。

2.3.5 裂纹萌生、止裂和再起裂时的粒子速度

在以上数值模拟试验中，观测到裂纹扩展过程中存在止裂现象，现以冲击速度为 4.5 m/s 的 SCTO 试件为例来说明裂纹如何萌生、止裂和再起裂的。在裂纹起裂、止裂和再起裂时刻的应力波传播示意图如图 2.14 所示，在 179.3 μs 时刻，

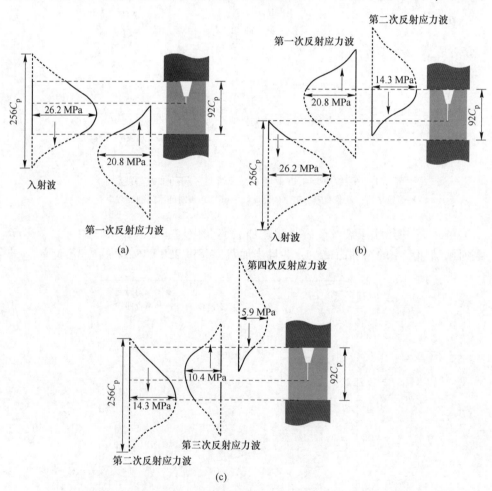

图 2.14 在冲击速度为 4.5 m/s 时裂纹起裂、止裂和再起裂的应力波位置示意图
(a) 179.3 μs—裂纹起裂；(b) 270.6 μs—裂纹止裂；(c) 398.7 μs—裂纹再起裂
C_p—细骨料混凝土的纵向波波速

恰在反射应力波头到达裂纹尖端之前时刻，预制裂缝萌生，如图 2.14(a) 所示。此时相应的粒子在向下移动，如图 2.15(a) 所示。

在 270.6 μs 时刻，裂纹扩展至 73.5 mm 位置处，第二次反射应力波从顶部向下移动，如图 2.14(b) 所示，同时第一次的反射应力波在向上移动，并且第一次反射应力波的峰值（20.8 MPa）大于第二次反射应力波的峰值（14.3 MPa），这就导致粒子向上移动，如图 2.15(b) 所示。因此，此刻裂纹出现止裂现象。

在 398.7 μs 时刻，第二次、第三次和第四次反射应力波的位置如图 2.14(c) 所示，第二次和第四次反射应力波向下移动，第三次反射应力波向上移动，并且第二次和第四次反射应力波的峰值之和（20.2 MPa）大于第三次反射应力波的峰值（10.4 MPa）。粒子速度如图 2.15(c) 所示，可以看出，此时粒子速度方向向下，应力的水平分量呈现拉伸状态，从而导致裂纹再次起裂并扩展。

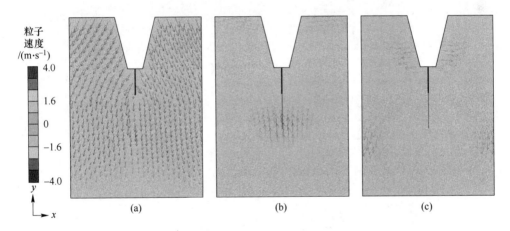

图 2.15　裂纹起裂、止裂和再起裂时刻的粒子速度
(a) 179.3 μs—裂纹起裂；(b) 270.6 μs—裂纹止裂；(c) 398.7 μs—裂纹再起裂

2.4　裂纹扩展速度和裂纹扩展时间的试验结果讨论

2.4.1　裂纹扩展时间和裂纹扩展速度

从数值模拟结果可知，裂纹扩展过程中裂纹扩展速度并不恒定，而是随裂纹路径不断地变化。为了验证数值模拟结果的准确性，采用如图 2.15 所示的裂纹扩展计（CPG）测试裂纹断裂时间和裂纹扩展速度，测试不同加载率下裂纹扩展速度的变化趋势，并计算裂纹扩展平均速度，最后得到起裂时间和裂纹扩展速度随加载率变化的趋势。

本章采用的 CPG 由许多间距相等的卡玛铜敏感栅和玻璃丝布基底组成。该测试中使用的 CPG 尺寸为 4.4 cm×1.8 cm，相邻两根丝栅之间的间距为 0.22 cm。在测试之前，将试件的表面打磨平整，然后用高强度胶将 CPG 粘贴于裂纹扩展路径上，如图 2.16 所示。将 CPG 第一根丝与裂纹尖端对齐以便监测裂纹萌生时间。当裂纹向下扩展穿过 CPG 时，CPG 丝栅将一根一根逐渐断开，超动态应变仪记录的电压信号相应地呈现台阶式跳跃变化。记录的 CPG 电压信号的电压导数的极值就是 CPG 丝栅的断开时间。在冲击加载速度 4.363 m/s 作用下的电压信号及其导数与时间的关系如图 2.16(a) 所示。

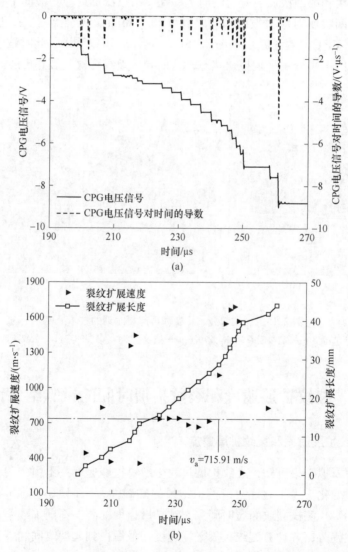

图 2.16　4 号 SCTO 试件的 CPG 丝栅断裂时间和裂纹扩展速度的测试结果
（a）电压信号及其导数与时间的关系；(b) 裂纹扩展速度和裂纹扩展长度与时间的关系

采用 ORIGIN 软件对 CPG 电压信号求导得到丝栅断裂时间，获得每个台阶信号的时间差，根据每个台阶的时间差和间距可以计算出裂纹扩展速度，最后对得到的结果统计分析。在动态裂纹移动过程中，裂纹长度随时间几乎呈线性增加，裂纹扩展速度随时间剧烈震荡。在加载速度为 4.363 m/s 时，裂纹扩展速度随时间不断上下波动［见图 2.16(b)］，此时裂纹扩展速度最小值为 359.4 m/s，裂纹扩展速度最大值为 1692.3 m/s，裂纹扩展速度平均值为 715.91 m/s，并得到裂纹起裂时间为 199.5 μs。

2.4.2　加载率对裂纹扩展速度和起裂时间的影响

由于试验的偶然性因素，总共有 17 个不同加载率荷载作用下的混凝土试件测试到有效数据，并对数据进行分析和总结，得到 17 组裂纹起裂时间和裂纹扩展平均速度，最后得到如图 2.17 所示的裂纹扩展速度和起裂时间随加载率变化的趋势曲线。从图 2.17(a) 可以看出，加载率从 170 GPa/s 增加到 400 GPa/s，裂纹扩展平均速度随加载率变化而增大。但是，当加载率大于 400 GPa/s 以后，裂纹扩展平均速度的增长速率迅速减小，最后接近于某一恒定值，趋势曲线的拟合系数为 0.9114。当加载率为 249.35 GPa/s，裂纹扩展平均速度为 326.79 m/s；当加载率为 289.43 GPa/s，裂纹扩展平均速度为 635.4 m/s。说明随着加载率增大约 50 GPa/s，裂纹扩展平均速度相应增加了接近一倍，但是曲线后期增长趋势减慢。当加载率达到一定值时，裂纹扩展平均速度不再持续增长，而是趋向于某一稳定值，这表明对于细骨料混凝土材料，当加载率增加到一定值后，裂纹扩展平均速度不再增长，即裂纹扩展平均速度存在一个极值，它略小于瑞雷波波速的一半。

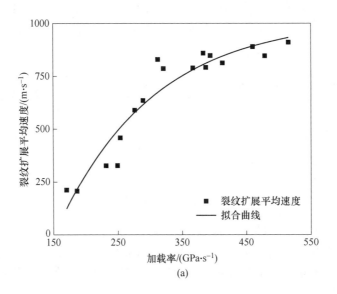

(a)

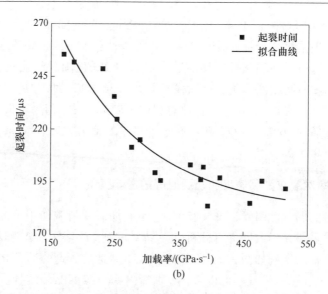

图 2.17 试验所得裂纹扩展速度和起裂时间随加载率变化
(a) 裂纹扩展平均速度随加载率变化曲线;(b) 裂纹起裂时间随加载率变化曲线

图 2.17(b) 给出了裂纹起裂时间与加载率的关系曲线,加载率从 170 GPa/s 增加到 350 GPa/s,裂纹起裂时间随之慢慢减小,最后当加载率大于 350 GPa/s 时裂纹起裂时间慢慢接近某一恒定值,数据点振荡明显且离散性较大,最终得到拟合系数为 0.8899 的趋势曲线。随着加载率的增加,裂纹起裂时间则相应减小,且当加载率值增加到一定程度时裂纹起裂时间点剧烈波动。当加载率从 276.36 GPa/s 增加至 383.52 GPa/s 时,裂纹起裂时间从 211 μs 降低至 196 μs,加载率增加了约 107 GPa/s,裂纹起裂时间相应地减小了 15 μs。裂纹起裂时间随加载率的增加而减小,表明加载率越大,获得的冲击能量越多,驱使裂纹扩展的能量就越大,裂纹萌生就越容易。

2.5 动态裂纹起裂韧度和扩展韧度的分析

2.5.1 位移外推法计算 SIF

动态应力强度因子求解多数是采用数值法,只有少数几个动态应力强度因子求解采用解析法。Bueckner 首先介绍了使用权函数来计算动态应力强度因子,对于给定的含裂纹试件,其权函数仅取决于几何形状,并且与施加的载荷无关。随后,Rice 进一步简化了使用权函数法确定应力强度因子的方法,对于承受任何对称载荷的线性弹性体,如果把应力强度因子和相应的裂纹面位移当作裂纹长度的函数,则作用在同一物体上的任何其他对称荷载的应力强度因子可以直接确定。

2.5 动态裂纹起裂韧度和扩展韧度的分析

基于已有的研究成果，Freund 总结出，模式 I 扩展的半平面裂纹的动态应力强度因子 $K_I^D(t,l)$ 可由普适函数 $k(v)$ 乘以在外加静态载荷下瞬时裂纹长度为 l 的静态应力强度因子得出，即 $K_I^D(t,l) = K_I^0(t,l) \cdot k(v)$，式中，$t$ 表示时间，v 是裂纹扩展速度，$K_I^0(t,l)$ 是裂纹长度为 l 且在 t 时刻的静态裂纹的应力强度因子，$k(v)$ 表示仅与裂纹扩展速度相关的普适函数，下面先介绍怎么求解静态裂纹的应力强度因子。

由于位移外推法的精度高于应力外推法，故此处采用位移外推法计算动态应力强度因子。根据传统的断裂力学理论，图 2.18 中裂纹尖端附近 x 方向的位移可表示为：

$$u(r,\theta,t) = \frac{1+\mu}{2E} K_I^0(t) \sqrt{\frac{r}{2\pi}} \left[(2\kappa+1)\sin\frac{\theta}{2} - \sin\frac{3\theta}{2} \right] \quad (2.10)$$

式中 $K_I^0(t)$ —— I 型裂纹应力强度因子；

μ —— 泊松比；

E —— 弹性模量；

κ —— 体积模量，平面应变状态 $\kappa = 3 - 4\mu$，平面应力状态 $\kappa = (3 - \mu)/(1 + \mu)$。

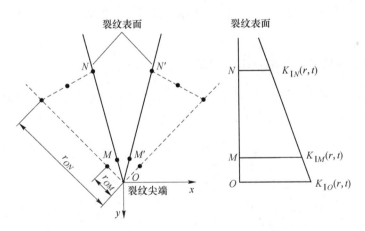

图 2.18 CPS6 单元和裂纹尖端的位移

对于平面应力问题，式 (2.10) 可以进一步表示为：

$$u(r, \pm\pi, t) = \pm \frac{K_I^0(t)(\kappa+1)}{2G} \sqrt{\frac{r}{2\pi}} \quad (2.11)$$

式中，$G = \dfrac{E}{2(1+\mu)}$。

裂纹的张开位移可表示为 $u(r, +\pi, t) - u(r, -\pi, t)$，根据式 (2.11)，则有：

$$u(r,+\pi,t) - u(r,-\pi,t) = 2u(r,+\pi,t) = \frac{8K_I^0(t)(1-\mu^2)}{E}\sqrt{\frac{r}{2\pi}} \quad (2.12)$$

从式（2.12）可以发现 $K_I^0(t)$ 与 r 成反比，并且根据 $K_I^0(t)$ 的定义，当 r 趋于零时，可以得到 $K_I^0(t)$ 的值。假设 M、N 和 O 点的应力强度因子分别为 $K_{IM}(t)$、$K_{IN}(t)$ 和 $K_{IO}(t)$（见图 2.18），并且根据位移外推法，$K_{IO}(t)$ 与 $K_{IM}(t)$ 和 $K_{IN}(t)$ 线性相关，并且 $K_{IO}(t)$ 被认为是该裂纹的应力强度因子值 $K_I^0(t)$。在图 2.18 中可以得到，r_{ON} 为奇异单元的单元长度，r_{OM} 为单元长度的 1/4，从而可以得出：

$$K_I^0(t) = K_{IO}(t) = \frac{4}{3}K_{IM}(t) - \frac{1}{3}K_{IN}(t) \quad (2.13)$$

由式（2.5）获得的动态荷载 $\sigma_{\text{top}}(t)$ 和 $\sigma_{\text{bot}}(t)$ 分别加载到 SCTO 试件数值模型的顶端和底端。基于裂纹面上的两点 N 和 M 在水平方向上的位移 $u_N(t)$ 和 $u_M(t)$，SCTO 试件的应力强度因子（SIF）$K_I^0(t)$ 可由公式（2.14）计算得到。

$$K_I^0(t) = \frac{E}{24(1-\mu^2)}\sqrt{\frac{2\pi}{r_{ON}}}[8u_M(r_{OM},+\pi,t) - u_N(r_{ON},+\pi,t)] \quad (2.14)$$

裂纹表面的位移 $u_N(t)$ 和 $u_M(t)$ 可通过 ABAQUS 程序建立的有限元模型来计算，实际上，现有有限元软件可以直接建立模型、设置参数和边界条件来计算各种应力强度因子。

2.5.2 普适函数的修正和 DSIF 计算

为了探究动态裂纹扩展路径的特性，捕获了裂纹扩展路径和裂纹断裂表面图片，如图 2.19 所示。可以看出，裂纹扩展路径是一条歪曲的曲线，而裂纹断口

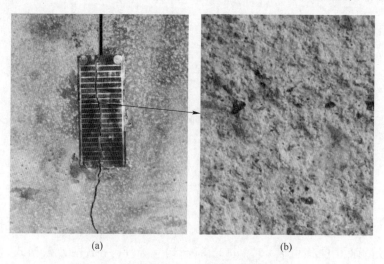

图 2.19 裂纹路径（a）和裂纹断裂表面（b）

表面既不是光滑的也不是平整的。因此，在这项研究中，采用分形方法对普适函数进行修正，此处裂纹扩展路径的分形维数采用盒子计数法来计算。

裂纹的实际路径长度 L_δ 大于其线性距离 L_0，如图 2.20 所示。这里 δ 是一个基本方格的边缘尺寸。当裂纹从预制裂纹的尖端开始向下移动时，v 表示裂纹沿 y 轴直线的扩展速度，V 表示裂纹沿真实弯曲路径的扩展速度。因此，可以通过式（2.15）获得裂纹沿着弯曲路径的扩展速度与裂纹沿着直线路径的扩展速度的比值 ε。

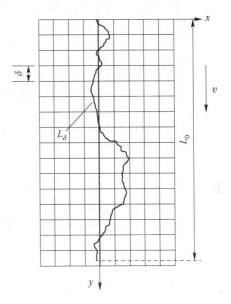

图 2.20　裂纹扩展的分形几何方法示意图

$$\varepsilon = \frac{L_\delta}{L_0} = \frac{V}{v} = \left(\frac{d}{L_0}\right)^{1-F_d} \quad (2.15)$$

式中　d——平均颗粒直径，代表方形盒子的尺寸，此处的平均值为 0.18 mm；

　　　F_d——分形维数。

改变基本粒子尺寸 δ 可以得出不同的值 $N(\delta)$（见图 2.20），曲线裂纹路径的分形维数 F_d 可以通过式（2.16）计算：

$$F_d \approx \frac{\lg N(\delta)}{\lg(1/\delta)} \quad (2.16)$$

基于上述方法，可以计算出裂纹路径的分形维数。使用不同大小 δ 的方格来覆盖裂纹路径，得到相应的不同的方格数量 $N(\delta)$ 值。图 2.21 为 4 号 SCTOC 试件的方格数量对数 $\lg N(\delta)$ 与方格尺寸 δ 对数之间的关系。根据拟合曲线的斜率可以得到分形维数 $F_d = 1.038$，如图 2.21 所示。

在外加动态载荷作用下，裂纹以一定的速度向前移动，由于惯性效应，动态应力强度因子（DSIF）与静态状态下的裂纹应力强度因子有所不同。根据 Rose 和 Bhat 等人的观点，运动裂纹的 DSIF $K_I^d(t)$ 可以写成：

$$K_I^d(t) = k(V) \cdot K_I^0(t) \quad (2.17)$$

式中　$K_I^0(t)$——静态荷载下裂纹的应力强度因子；

　　　V——沿真实路径的裂纹运动速度；

　　　$k(V)$——普适函数。

在混凝土结构中，由于在初始裂纹尖端之前存在较大的断裂过程区 FPZ，因此会产生复杂的非线性应力。在这种情况下，普适函数的使用减少了对有限元或边界元技术的需求，并且为动态计算应力强度因子提供了简单的方法。

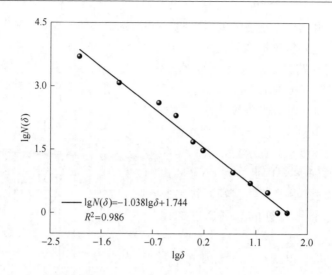

图 2.21 占用的盒子数量 $N(\delta)$ 的对数与盒子尺寸 δ 的对数之间的关系

根据 Freund 的动态断裂力学理论，$k(V)$ 是与裂纹扩展速度 V 相关的普适函数，可以表示为以下形式：

$$k(V) \approx \frac{1 - V/C_R}{\sqrt{1 - V/C_p}} \tag{2.18}$$

式中　C_p——纵波波速；
　　　C_R——瑞雷波波速。

将式（2.15）代入式（2.18），公式变成以下形式：

$$k(V) \approx \frac{1 - V/C_R \cdot (d/L_0)^{1-D}}{\sqrt{1 - V/C_d \cdot (d/L_0)^{1-D}}} \tag{2.19}$$

从式（2.17）可以看出，当裂纹扩展速度 $V = 0$ 时，普适函数 $k(V) = 1$，这表明，对于静态裂纹（在起始时刻或止裂时刻），其动态应力强度因子 $K_I^d(t)$ 相当于静态裂纹的应力强度因子 $K_I^d(t)$，即 $K_I^d(t) = K_I^0(t)$。

2.5.3　动态数值计算方法验证

由于动态荷载下裂纹尖端应力场的复杂性，动态应力强度因子的数值解难以求解，故本章采用基于 ABAQUS 程序的试验-数值分析方法来计算动态应力强度因子。使用此方法时数值模型的准确性非常重要，为了验证本章提出的采用 ABAQUS 程序数值计算方法的有效性和准确性，将 Chen 的研究结果采用本章的数值计算方法进行数值模拟，并加以对比验证。在 Chen 提出的问题中，一对动态拉伸应力 $P(t)$ 施加到钢板的两端，幅值为 0.4 GPa 的动态荷载 $P(t)$ 是 Heaviside 阶跃函数荷载，如图 2.22 所示。该模型板的长度为 40 mm，宽度为 20 mm，板中心裂纹长度为 4.8 mm。数值模型中的几何尺寸和材料参数设置与 Chen 文章中的几何尺寸和材料参数保持一致。其中,密度 ρ = 5000 kg/m³,泊松比 μ = 0.3,剪切模量 G = 79.92 GPa。

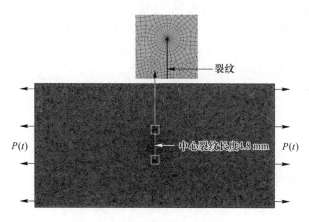

图 2.22　数值模型及加载示意图

在该数值模型中,采用 1/4 节点奇异单元描述裂尖的应力奇异性,裂尖区域采用 6 节点三角形单元 CPS6,其他区域采用 8 节点四边形单元 CPS8。全局网格尺寸设置为 0.2 mm,这与 Chen 文章中设置的网格尺寸一致,网格划分总数为 27210 个单元,如图 2.22 所示。计算模块采用隐式的动态分析数值方法,计算时间步长设置为 0.1 μs,数值计算结果如图 2.23 所示。从图中可以看出,两种方法的计算结果基本一致,说明上面提出的基于 ABAQUS 程序的试验-数值分析方法是准确可靠的,且精度能够满足试验方法要求。

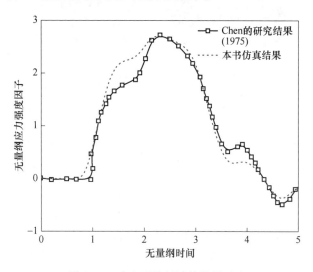

图 2.23　中心裂纹板计算结果对比

2.5.4 加载率对动态断裂韧度的影响

本次冲击断裂试验中,成功实施了17个试件的试验,并对相关数据进行了测量和记录。依照2.4.1节介绍的计算方法,得到了所有试件的CPG断裂时间,并计算了裂纹扩展速度。由于试验-数值方法已被大量研究人员用来测量裂纹断裂韧度,本书也采用了这种研究方法。接下来将以4号SCTO试件为例演示如何确定裂纹的起裂韧度和扩展韧度。

为了计算在动态荷载作用下运动裂纹的动态应力强度因子(DSIF),基于图2.1中的SCTO试件构型和由式(2.5)计算的动态荷载,采用ABAQUS软件建立了静止裂纹的有限元数值模型,如图2.24所示。采用CPS8单元对试件网格划分,为了消除裂尖奇异性,使用CPS6单元对裂尖区域网格划分,计算模块采用隐式的动态分析数值方法,计算时间步长设置为$0.1~\mu s$,该模型中总共划分10350个网格单元,如图2.24所示。

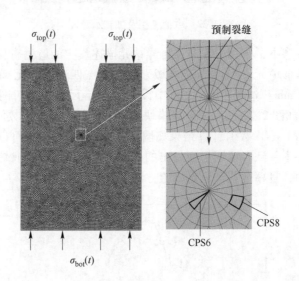

图2.24 采用ABAQUS程序对SCTO试件进行网格划分示意图

对数值模型进行加载计算后得到应力强度因子时程曲线,图2.25(a)为加载率为312.79 GPa/s时的加载荷载作用下的SCTO试件的动态应力强度因子(DSIF)随时间的变化曲线。因为规定了所有曲线零点均为荷载到达试件上端面的时刻,所以通过试验测得的CPG断裂时刻与应力强度因子曲线上的时间相对应,即可得到动态裂纹的起裂韧度和扩展韧度。从图2.25(a)可知,该裂纹的DSIF最大值为$5.021~\text{MPa}\cdot\text{m}^{1/2}$,但已知该裂纹的萌生时间为$t_1 = 199.5~\mu s$,则对应于应力强度因子时程曲线的临界DSIF为$3.369~\text{MPa}\cdot\text{m}^{1/2}$。因为$V=0$,根据

式 (2.19),普适函数修正值为 $k(V)=1$,所以裂纹动态起裂韧度确定为 $K_I^d(t) = K_I^0(t) = 3.369$ MPa·m$^{1/2}$。由此可以看出,裂纹起裂在应力强度因子时程曲线达到最大值之前就已经开始,这也说明准静态法中将实验荷载的最大值作为计算荷载是不准确的。

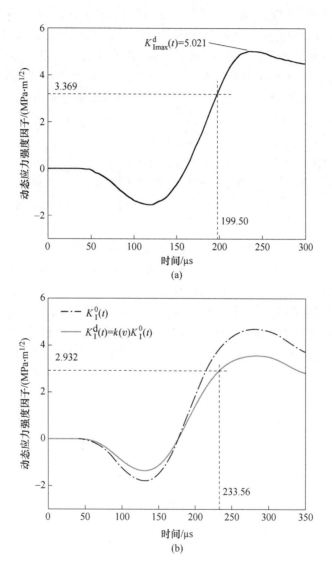

图 2.25　以 4 号 SCTO 试件为例确定裂纹起裂韧度和扩展韧度
(a) 确定起始断裂韧度;(b) 确定扩展断裂韧度

对于扩展中的竖向裂纹,选择以裂纹扩展到 CPG 的第 11 根丝栅时的 4 号 SCTO 试件为例来阐述动态裂纹扩展韧度的计算方法。第 11 根丝栅处的裂纹长度为 72 mm，需要在 ABAQUS 中建立裂纹长度为 72 mm 的静止裂纹尖端数值模型，计算出同等条件下的静止裂纹应力强度因子时程曲线后再通过普适函数修正计算其动态扩展韧度。图 2.16(a) 显示测试得到第 11 根丝栅的断裂时间为 t_{11} = 233.56 μs，根据第 11 根丝栅到第 12 根丝栅的间隔距离 2.2 mm 和丝栅断裂时间差，由间隔距离除以时间差可得裂纹平均扩展速度，即为 687.5 m/s。由式 (2.19) 计算可以得到普适函数修正值 $k(V)$ = 0.7574。由式 (2.17) 可以计算出临界动态应力强度因子 DSIF $K_I^d(t)$，并绘制于图 2.25(b) 中。其中，点划线为裂纹静态应力强度因子曲线，实线为裂纹动态应力强度因子曲线，总体上动态应力强度因子明显低于静态应力强度因子。对应于断裂时间为 233.56 μs 的动态应力强度因子确定为 $K_I^d(t) = k(V) \cdot K_I^0(t)$ = 2.932 MPa·m$^{1/2}$。对于 CPG 的其余丝栅，用类似的方法可得到相应的临界 DSIF。

对于 4 号试件，由于 CPG 总共有 21 根丝栅，可以计算 20 个动态应力强度因子，除去第一个起裂时刻外的 19 个临界应力强度因子取平均值，其结果为 2.652 MPa·m$^{1/2}$，它可当成 4 号 SCTO 试件测试得到的细骨料混凝土的动态裂纹扩展韧度。

图 2.26 为在本试验中获得的不同加载率下裂纹动态起裂韧度和扩展韧度随加载率变化的曲线。可以发现，动态起始断裂韧度或动态扩展韧度都随着加载率的增加而增加，并且起裂韧度的增长速率大于扩展韧度的增长速率，而且在相同加载率下，动态起裂韧度一般大于扩展韧度。这说明起裂时刻裂纹扩展消耗的能量要大于扩展过程中需要的能量，冲击加载速度越高，裂纹获得的驱使能量越大。从试件上端面受到压缩应力波作用时到裂纹尖端起裂之前，裂纹尖端应力强

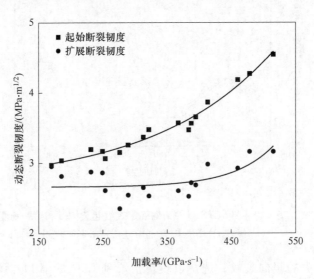

图 2.26　裂纹动态断裂韧度随加载率变化曲线

度因子渐渐增大，裂纹尖端附近微裂纹数量也相应增加，当应力强度因子时程曲线增长至动态起裂韧度时，微裂纹数目增加到最大值，伴随着微裂纹的聚集和相互作用，最后出现宏观裂纹并向前扩展，之后由于动态加载过程中惯性力效应，动态扩展韧度小于动态起裂韧度。

2.5.5 加载率对能量释放率的影响

不同的冲击加载速度产生不同的加载率，在不同加载率下裂纹动态扩展需要消耗能量，为了了解裂纹起裂和扩展过程中的不同差异，对断裂力学的另一个重要参数能量释放率进行计算。

下面介绍另一个重要的动态断裂参数动态能量释放率，它是每单位裂纹扩展量释放到裂纹尖端断裂过程区的能量，且等于裂纹扩展一个单位量需要的耗散能量。基于已有的研究成果，考虑将断裂准则应用到动态问题中，Freund 根据能量守恒原理得到运动裂纹尖端的能量平衡方程，如下：

$$\dot{U} + \dot{T} = \frac{\mathrm{d}}{\mathrm{d}t} \int_R \frac{\sigma\varepsilon + \rho\dot{u}\dot{u}}{2} \mathrm{d}A \tag{2.20}$$

式中　$\dot{U}$——储存的弹性能的变化率；

　　　$\dot{T}$——动能的变化率；

σ,ε——裂纹尖端的应力和应变；

　　　ρ——材料的密度；

　　　$\dot{u}$——裂纹速率；

　　　R——裂纹尖端附件以 ∂R 为边界的积分区域，如图 2.27 所示。

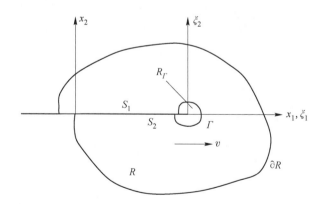

图 2.27　能量平衡积分计算的裂纹尖端区域示意图

引入裂纹尖端应力场和位移场处存在的弹性动态奇点概念，裂纹扩展过程中裂纹尖端每扩展一个单位的能量耗散率定义为动态能量释放率。根据动态断裂力学理论，能量释放率可以写为：

$$G^D(t) = A(V) \cdot G_I^0(t) + B(V) \cdot G_{II}^0(t) \qquad (2.21)$$

式中 $G_I^0(t), G_{II}^0(t)$——Ⅰ型和Ⅱ型静止裂纹的断裂能；

$G^D(t)$——动态能量释放率。

在本书中，由于裂纹扩展为纯Ⅰ型裂纹，$G_{II}^0(t)$等于零。因此，式（2.21）可以重写为式（2.22）：

$$G^D(t) = A(V) \cdot G_I^0(t) = A(V) \cdot \frac{1-\mu^2}{E_d} \cdot (K_I^d(t))^2 \qquad (2.22)$$

式中 μ——动态泊松比；

V——裂纹分形速度；

$A(V)$——与速度相关的函数，当 $V=0$ 时，$A(V)=1$。

根据上一节计算出的动态起裂韧度和动态扩展韧度，采用式（2.22）可以计算出所有试件的能量释放率 $G^D(t)$。图 2.28 为起始时刻和扩展过程中的能量释放率随加载率的变化曲线。结果表明，起始时刻和扩展过程中的能量释放率均随加载率的增加而增加，但扩展过程中的能量释放率增幅要小于起裂时的增加率。此外，起裂时刻的能量释放率要大于扩展过程中的能量释放率，起裂时刻的能量释放率的平均值几乎是扩展过程中的 1.4 倍。这表明在裂纹萌生时需要消耗较多的能量，而在扩展过程中所需的能量相对较小，这可能是由动态加载过程中的惯性效应引起的。

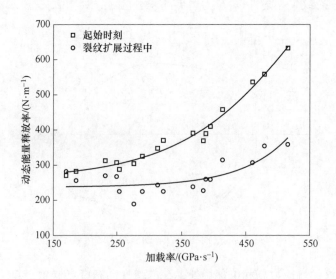

图 2.28 动态能量释放率随加载率变化曲线

2.6 试件两端应力平衡讨论

在经典的 SHPB 测试中，通常假设试件在其两端的力处于平衡状态，因此试件的应力或应变沿试件的轴均匀分布。然而，在本试验中采用的 SCTO 试件为大尺寸试件，压缩应力波在试件中传播引起裂纹起裂。在冲击加载速度为 4.363 m/s 的试验测试中，根据 CPG 电压信号曲线（见图 2.16）测试到裂纹起裂时间为 199.5 μs，此时间位于入射波电压信号曲线范围内（见图 2.6），说明裂纹起裂时应力波在试件中单向向下传播。实际上，由于细骨料混凝土材料承受外加动态载荷，细骨料混凝土材料很少在两侧受到平衡应力波的作用，而是单向传播应力波。当压缩应力波穿过材料内部的裂缝时，裂缝可能会萌生并扩展（见图 2.29），在冲击速度为 4.5 m/s 的数值模拟中也可以看出，当反射的压缩应力波到达试样

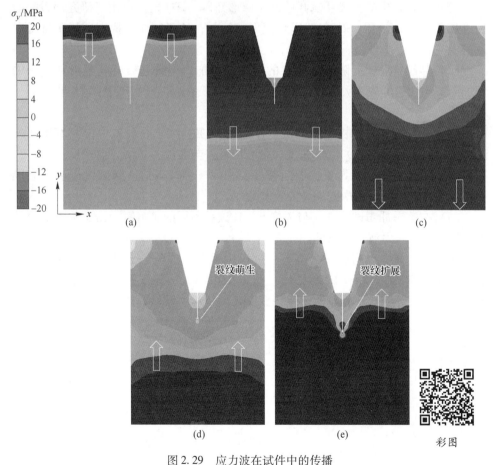

图 2.29　应力波在试件中的传播

(a) $t=11.6$ μs；(b) $t=62.8$ μs；(c) $t=118.6$ μs；(d) $t=179.3$ μs；(e) $t=204.4$ μs

的中部（时间为 179.3 μs）时，裂纹开始起裂，并且试样两端的应力并没有达到完全平衡状态。

2.7 本章小结

为研究动态裂纹扩展规律及加载率对裂纹扩展行为的影响，本章采用大尺寸侧开单裂纹梯形开口（SCTO）试件以及不同落锤跌落高度进行了落锤冲击试验。采用 CPG 测量了裂纹扩展时间以及裂纹扩展速度。同时，使用 AUTODYN 软件建立了数值模型，数值研究了裂纹扩展速度和裂纹起裂时间，其仿真结果与试验结果趋势基本一致。有限元软件 ABAQUS 适用于计算 DSIF，可以确定动态断裂韧度，获得了裂纹扩展路径、裂纹扩展速度、裂纹起裂时间和 DSIF 等断裂参数。本章得出以下结论。

（1）本章提出的大尺寸侧开单裂纹梯形开口 SCTO 试件适用于研究加载率对裂纹扩展行为的影响。SCTO 试样几何形状简单，易于制作，特别适用于细骨料混凝土或岩石等脆性材料。

（2）裂纹扩展速度随着加载率的增加而增加，裂纹起裂时间随着加载率的增加而减小。当加载率大于一定值后，裂纹扩展速度和裂纹起裂时间都趋向某一稳定值。

（3）透射板和入射板引起的反射压应力波在裂纹止裂现象中扮演着重要作用，当裂纹出现止裂时，粒子速度矢量方向恰好与裂纹的扩展方向相反。

（4）起始断裂韧度大于扩展断裂韧度，由于惯性效应，起裂时刻的动态能量释放率大于扩展过程中的动态能量释放率。

（5）在落锤冲击试验中，与常规 SPHB 试验不同的是落锤冲击试验不需要达到试件两端的应力波平衡条件。

（6）数值研究表明裂纹动态扩展过程中存在止裂现象，但多发生在试件的下部分且比较分散，由于试验中 CPG 尺寸的限制无法测试到止裂现象，基于反射应力波止裂机制，在后面的章节将提出几种新构型试件，并对裂纹止裂问题进一步研究。

3 V型试样底边对运动裂纹的止裂

3.1 引　言

混凝土是现代建设工程结构的重要建筑材料之一，它广泛应用于房屋建筑、桥梁工程、隧道工程、水利大坝、地下工程等现代建筑结构中。混凝土结构中包含大量的裂纹和微裂纹。在冲击、地震和爆炸等动态荷载作用下，这些裂纹将萌生和扩展，如果扩展中的裂缝不能停止，就会导致工程结构的承载力下降甚至破坏，从而发生工程灾难。因此，必须研究可以阻止裂缝继续扩展的技术来防止灾害的发生。过去，学者们已经对裂缝的动态行为进行了一些相关研究，但是仍有许多问题值得进一步研究，如裂缝扩展机理和止裂机理等。

由于混凝土等脆性材料的力学行为与加载率相关，动态荷载下的断裂机理比静力荷载下更加复杂，动态荷载将激发压缩应力波，当压缩波到达试件边界时，它们将反射回来变成具有张拉性能的拉伸应力波，从而影响压缩波对裂缝的动态断裂行为。因此，采用适用于动载荷下的新的测试技术来研究动态裂纹止裂问题，比如应变片测试法、高速相机测试方法和试验-数值方法。

先前学者们常常采用巴西圆盘、径向裂缝环、缺口弯曲梁和半圆盘弯曲等多种形状的试件构型进行动态断裂试验。但是，这些试件由于尺寸较小仅仅适用于研究裂缝的起裂行为。对于研究裂缝的扩展和止裂行为，试件几何尺寸必须足够大才能让裂缝有足够的空间去扩展。许多先前的测试结果表明在裂缝扩展过程中可能会出现止裂现象，可能的原因是试验采用的试件尺寸较小，波的反射和相互作用导致了裂缝尖端非常复杂的应力历史。

第 2 章的数值研究也表明裂纹扩展过程中存在裂纹止裂现象，但在 SCTO 试件的冲击断裂试验中不能监测到裂纹止裂现象，数值计算研究表明，反射应力波在裂纹止裂中发挥着重要作用。因此，在本章研究中，基于应力波反射止裂的思想，改变试件底部边界形状，提出了一种大尺寸带 V 型底边的半圆边裂纹（semicircular edge crack with V-shaped bottom, SECVB）试件，它对扩展过程中的竖向裂缝具有止裂功能，并且有足够大的空间让裂纹经历动态起裂、扩展、止裂和再起裂的全过程。

本章基于 SHPB 试验原理，对大尺寸带 V 型底边的半圆边裂纹（SECVB）试件进行了中低速下的落锤冲击试验，研究了细骨料混凝土 SECVB 试件的 I 型裂纹扩展规律和止裂机理，并利用 AUTODYN 程序进行数值研究，并将仿真结果与试验结果进行比较。还采用基于 ABAQUS 程序的试验-数值-解析法计算细骨料混凝土的动态断裂韧度。

3.2 模型材料及测试系统

为了研究混凝土类脆性材料的动态断裂行为和开发裂缝止裂技术，采用落锤冲击试验装置对底边夹角为 120°、150° 和 180° 的大尺寸带 V 型底边的半圆边裂纹（SECVB）试件（见图 3.1）进行了试验研究。

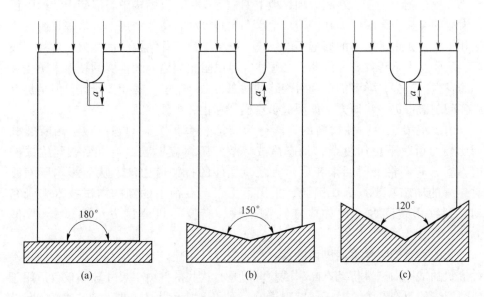

图 3.1　三种用于研究动态止裂行为的大尺寸试件构型
（a）180° SECVB；（b）150° SECVB；（c）120° SECVB

SECVB 试件的止裂功能为：在竖向冲击荷载作用下，压缩应力波沿入射杆传播进入试件再传入透射杆，试件底边与透射杆之间将产生斜向的反射压缩应力波，在裂缝尖端前部，压缩应力水平分量（见图 3.2）将限制裂纹继续扩展或减缓裂纹扩展速度，最终导致裂纹停止扩展。

3.2.1　材料及试样制备

本试验选用商品混凝土公司提供的细骨料混凝土作为模型试验材料，细骨料混凝土由大容积的搅拌罐拌料而成，其材料均匀性较好，强度稳定，适合用于试验研究。水泥、水、砂、粉煤灰的配合比例为 1∶0.698∶3.023∶0.116。水泥采用普通硅酸盐水泥 P.O 42.5R，砂采用广安渠江砂，粉煤灰采用代市电厂Ⅱ级粉煤灰，水采用自来水。

为了减小测试结果误差，所有试件严格按照以下程序浇筑：在钢模板内浇筑，在振动台上振动，静置 24 h，脱模，然后在标准养护室中放置 50～60 天直到测试时间，养护室中一直保持 20 ℃ 的温度和 98% 的相对湿度。浇筑试件的同时制作 6 组边长为 100 mm 的立方体试样用于材料抗压强度测试和密度测试，并制作 6 组直径 100 mm 和高度 300 mm 的六面体试件进行波速测试。按照 2.2.3 节的测试方法对细骨料混凝土材料力学参数进行测试，结果见表 3.1。

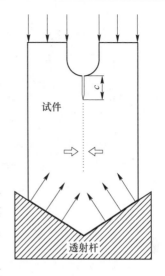

图 3.2 SECVB 试件的受力状况

所有试件的预制裂缝长度设置为 25 mm。在浇筑时将厚度为 1.5 mm 的塑料卡片插入混凝土中，当细骨料混凝土终凝后取出，预制裂缝形成。

表 3.1 试验用细骨料混凝土材料力学参数

泊松比 μ	弹性模量 E_d/GPa	动态抗拉强度 σ_{td}/MPa	密度 $\rho/(kg \cdot m^{-3})$	膨胀波波速 $C_p/(m \cdot s^{-1})$	畸变波波速 $C_s/(m \cdot s^{-1})$	瑞雷波波速 $C_R/(m \cdot s^{-1})$
0.2	28.55	33	2161	3831	2346	2131

3.2.2 试件几何尺寸

本试验从同一批搅拌的细骨料混凝土中选取材料并一共浇筑了 90 个试件，每种构型 30 个试件。150° SECVB 试件的几何形状如图 3.3 所示，它的高度为 350 mm，宽度为 260 mm，厚度为 28 mm，半圆孔直径为 76 mm。预制裂缝起始于半圆孔边缘且平行于试件竖向边。为避免冲击荷载下偶然因素对试验测试结果的影响，试验前预制裂缝均用 0.1 mm 厚的锯条对裂纹尖端进行锐化处理。SECVB 混凝土试件的 V 型底部两斜边夹角分别为 120°、150° 和 180°。

3.2.3 裂纹扩展计测试系统

本书采用高精度的裂纹扩展计（Crack Propagation Gauges，CPGs）对冲击断裂试验中的裂纹断裂参数进行测量（见图 3.4），试验中采用型号为 BKX1.5-10CY 系列的裂纹扩展计，其主要用于监测裂纹的起裂时刻及扩展到某处的时刻，并以此计算裂纹扩展速度。CPG 主要由卡玛铜敏感栅和玻璃丝布基底组成，其中敏感丝栅由多条长度相等宽度不同的卡玛铜薄片并联焊接而成。其初始电阻约为

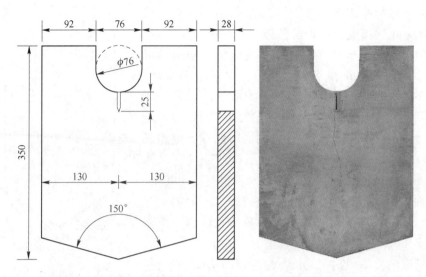

图 3.3　150° SECVB 混凝土试件的照片和几何尺寸（单位：mm）

3.5 Ω，CPG 长度和宽度分别为 44 mm 和 10 mm。两个相邻丝栅之间的间隔距离为 2.2 mm。将 CPG 粘贴于 SECVB 试件裂纹扩展路径上，并将第一根敏感丝栅与预制裂缝尖端重合，以测量裂纹萌生时间，如图 3.4(b) 所示。

在图 3.4(c) 所示的 CPG 测量系统中，CPG 测量的电压信号由超动态应变仪收集，并且电压信号被存入数字示波器和计算机中。恒定电源可提供 0~60 V 的稳定电源，此处 CPG 测量系统所需的电压设定为 15 V 恒定电压，并且电压幅度调制精度值可以达到 1 mV。在电路中，CPG 先与电阻器 R_1(50 Ω) 并联后，再与电阻器 R_2(50 Ω) 串联，这可以防止电压源输出电压过大造成 CPG 线路过载损坏。

试验中采用型号为 CS-1D 的超动态应变仪，它包括放大器、电桥、滤波器等部件，主要用于试验中放大信号以便识别信号，混凝土断裂试验中采用的超动态应变仪为 8 通道，供桥电压 U_0 设置为 2 V，试验中的增益 n 设置为 1000。试验中采用型号为 DS1004Z 的数值示波器，采样频率可达到 1 GSa/s，存储深度最大可达 3000 kpts，为了防止后期数据处理失真或减小后期数据处理难度，本次试验中设置存储深度为 300 kpts，这样可以存储充足的试验数据采样点。

在断裂测试之前，裂纹扩展计 CPG 第一根丝栅应与裂纹尖端垂直并微覆盖裂纹尖端，且紧密粘贴。由于敏感丝栅可承受拉力远远小于细骨料混凝土材料，CPG 丝栅随着混凝土裂纹扩展逐根断裂。在裂纹动态扩展过程中，只要连接中间间隔丝栅的两侧桥臂电阻没有断开，那么就能够一直测量到由中间丝栅断开引起的电路中电阻值变化，从而获得电压信号变化曲线。当连接丝栅的两侧桥臂电阻断开时，CPG 的中间电阻丝线路为断路状态，测试终止。所有测试数据都通过超

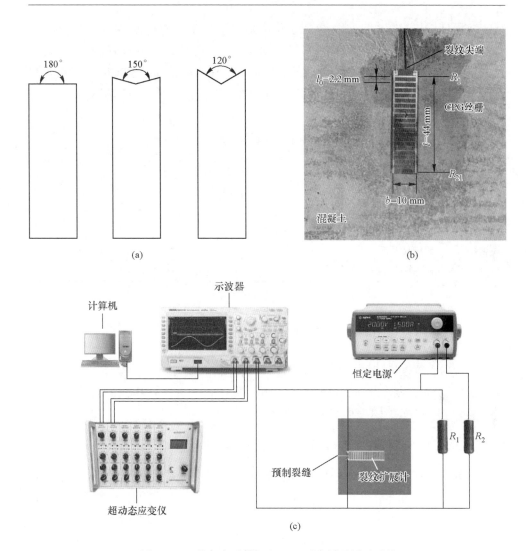

图 3.4 三种角度透射杆和 CPG 示意图及测试系统
(a) 三种角度试件对应的透射杆示意图；(b) 试件上裂纹尖端粘贴的 CPG 示意图；
(c) 裂纹扩展计测试系统

动态电阻应变仪收集，然后再由高精度、高增益、低漂移的放大器放大信号，以便高性能计算机记录保存。值得注意的是，CPG 测量线路中需要连接提供恒定电压的稳压源，所测量的电压信号才能被超动态应变仪读取收集，同理，电阻应变片测量线路中则需要连接集成了惠更斯电路的桥盒。测试完成后，通过敏感丝栅断裂时间和相邻丝栅间距可求得每根丝栅处的裂纹平均扩展速度。

本章采用第 2 章介绍的下落高度可调的落锤冲击装置，它包括落锤冲击试验机和裂纹扩展计测试系统两部分。值得注意的是，由于此处试件底部为两斜边，所以透射杆应根据试件底部夹角的变化切割成V字形，并应准备120°和150°两种角度的V型顶端面的透射杆和一个平顶端面的透射杆，如图3.4(a)所示。本研究中透射杆采用波阻抗较大的钢铁制作而成。在入射杆和透射杆的中间点分别贴有一个应变片SG测试动态加载载荷。落锤冲击装置各个部件的材料参数和几何尺寸见表3.2。

表3.2 落锤冲击装置各个部件的力学参数

冲击设备的各部件	材料	泊松比 μ_i	密度 ρ_i /(kg·m^{-3})	弹性模量 E_i /GPa	纵波波速 C_{pi} /(m·s^{-1})	几何尺寸/cm		
						厚度	宽度	长度
冲击杆	STEEL	0.25	7850	204.5	5900	3	48	15
入射杆	LY12CZ	0.3	2800	71.72	5005.5	3	30	300
透射杆	STEEL	0.25	7850	204.5	5900	3	30	200
波形整形器	Copper	0.34	8600	110	3858	3	30	2

3.3 测试数据及动态裂纹扩展行为分析

本章采用落锤冲击试验装置对SECVB细骨料混凝土试件进行试验研究。落锤冲击高度设置为1.0 m、1.5 m、2.0 m、2.5 m，经计算相应的冲击速度为4.42 m/s、5.42 m/s、6.26 m/s、7.00 m/s。

3.3.1 确定施加于试件上的荷载

先对测试系统采集的应变片电压信号进行处理，再采用ORIGIN软件进行降噪处理，随后通过计算得到相应的入射端与透射端的应变信号。最后图3.5给出了落锤冲击速度为5.42 m/s时的150° SECVB试件的应变-时间曲线。

在得到应变后，试件上下端的应力值 $\sigma_i(t)$ 和 $\sigma_t(t)$ 可以由式（3.1）计算得到：

$$\begin{cases} \sigma_i(t) = E_i \dfrac{A_i}{A_s - A_o}(\varepsilon_i(t) + \varepsilon_r(t)) \\ \sigma_t(t) = E_t \dfrac{A_t}{A_s} \varepsilon_t(t) \end{cases} \quad (3.1)$$

式中　下标 i,r,t,s——入射、反射、透射和试件；

E——杨氏弹性模量；

ε——应变；

A——横截面面积；

A_o——试件上端开口截面面积。

3.3 测试数据及动态裂纹扩展行为分析

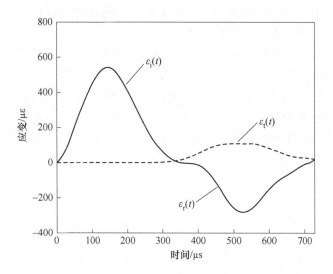

图 3.5 粘贴于入射杆和透射杆上的应变片记录的应变-时间曲线

对于 150° SECVB 试件在冲击速度 5.42 m/s 下的动态加载荷载曲线如图 3.6 所示。在随后的数值模拟中，它们将用作试件上的加载条件。

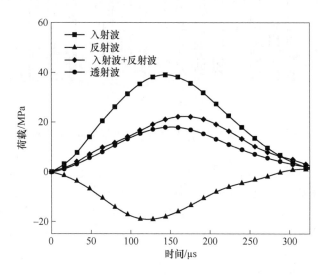

图 3.6 150° SECVB 试件的加载荷载随时间变化曲线

3.3.2 动态裂纹扩展行为分析

为了详细研究细骨料混凝土中裂纹动态扩展行为和裂缝止裂技术，本章对三种 SECVB 试件进行不同冲击速度的加载试验，SECVB 试件 V 型底部角度分别有

120°、150°、180°。尽管试件厚度为 28 mm，但仍会发生屈曲现象，因此采用四根螺杆固定两块钢板来限制试件的屈曲。

图 3.7 中给出了不同冲击速度下 SECVB 试件的裂纹扩展长度及偏移处距离试件底边的距离。总体上，150° SECVB 试件裂纹扩展长度略小于 180° SECVB 试件，120° SECVB 试件裂纹扩展长度最短，说明 120° SECVB 试件裂纹止裂效果最好，同时有 50% 的试件的裂纹扩展均有不同程度的偏移。从图 3.7 和图 3.8(c) 可知，随着冲击速度的增大裂纹扩展长度也有相应的增加，表明冲击荷载越大，克服阻力的能力越强。

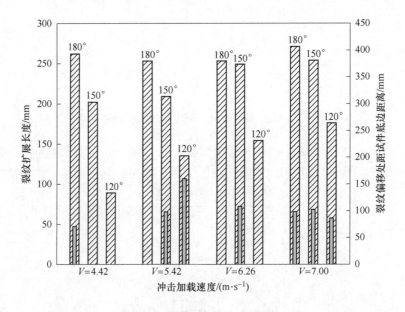

图 3.7 SECVB 试件裂纹扩展长度及偏移位置柱状图

不同冲击速度下的裂纹扩展形态如图 3.8 所示。从图 3.8 中可以看出三种构型裂纹扩展均呈典型的纯Ⅰ型断裂特征，在图 3.8(a) 中，从预制裂缝尖端到试件底部的裂纹扩展路径几乎是一条直线，由于采用的试件尺寸较大和试验技术原因，在试件底部有 50% 的 180° SECVB 试件的裂纹扩展方向有轻微的偏移。在图 3.8(b)中，有 75% 的 150° SECVB 试件在试件中部裂纹扩展方向就有偏移，比 180° SECVB 试件偏移更早也更加明显，这是由于 V 型边界的反射波对裂纹的影响作用造成的。对于图 3.8(c) 中 120° SECVB 试件，裂纹很早就停止扩展了，几乎没有裂纹扩展到试件底部，这表明由 SECVB 试件与 V 型底部的透射杆之间的相互作用引起的倾斜压缩波对扩展中的裂纹起到了抑制作用。由于应力波的传播速度比裂纹传播速度快很多，因此，倾斜压缩波比扩展中的裂纹先到达裂纹尖端的前部，从而抑制或阻止裂纹继续扩展。

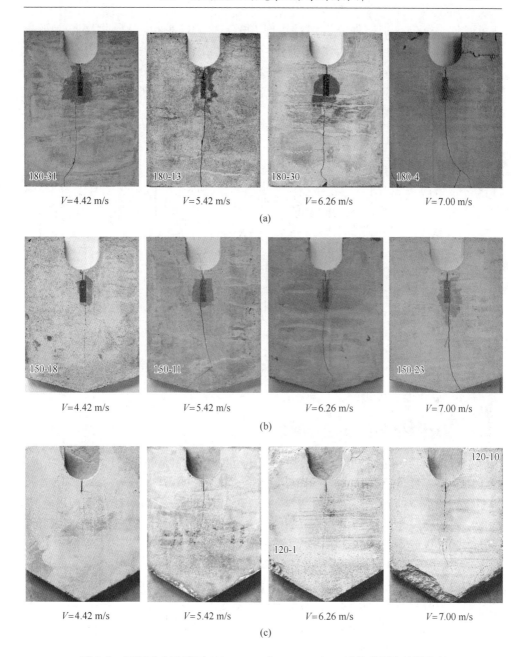

图 3.8　不同冲击速度下 180°、150° 和 120° SECVB 试件的裂纹扩展路径
(a) 180° SECVB 试件不同冲击速度作用下裂纹扩展路径；(b) 150° SECVB 试件不同冲击速度作用下裂纹扩展路径；(c) 120° SECVB 试件不同冲击速度作用下裂纹扩展路径

对于三种 SECVB 混凝土试件，在相同的冲击速度 4.42 m/s 下，180° SECVB 试件中的裂纹扩展到达了试件的底部，而 150° SECVB 试件和 120° SECVB 试件

中的扩展裂纹停止于试件的中部，并且120° SECVB 试件的裂纹扩展长度小于150° SECVB 试件。比较三种类型的试件的测试结果，可以发现120° SECVB 试件对预制裂纹扩展具有良好的约束作用，这是由于120° SECVB 试件的底部与透射杆之间产生的压缩应力波的水平分量远大于150° SECVB 试件的压缩应力波的水平分量，如图 3.9 所示。

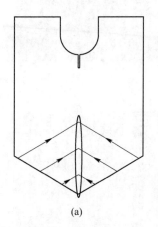 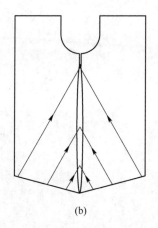 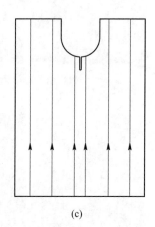

图 3.9　反射压应力波示意图
(a) 120°；(b) 150°；(c) 180°

3.3.3　裂纹扩展时间和裂纹扩展速度

为了进一步研究动态裂纹扩展速度及止裂机理，将裂纹扩展计（CPG）粘贴在 I 型裂纹扩展路径上并进行冲击断裂试验，如图 3.4(b) 所示。采用高速数据采集仪记录裂纹扩展计（CPG）两端的电压信号变化，在冲击荷载作用下 CPG 的敏感丝栅会随着裂纹的扩展而依次断开，此时，敏感丝栅的断裂促使 CPG 的总电阻逐渐变大，电压信号相应地出现台阶式的变化曲线，如图 3.10 所示。然后采用 ORIGIN 软件对电压信号进行求导处理，得到的曲线极值点为每根敏感丝栅的断裂时刻，即为裂纹尖端扩展到此处的时间。将相邻敏感丝栅的间距除以两根丝栅断裂时间差，就可得到相应的裂纹扩展速度。

在 5.42 m/s 冲击速度下，不同角度 SECVB 混凝土试件的 CPG 记录的电压信号及电压对时间的导数如图 3.10 所示，由于 CPG 长度的限制，试验时仅测试裂纹尖端 44 mm 范围内的裂纹扩展速度。

从图 3.10(b) 和 (c) 可以看出，在 150°和 120° SECVB 试件中有止裂现象产生。对于 150° SECVB 试件，在第 6 根丝与第 7 根丝之间裂纹扩展停留了 150 μs 的时间；对于 120° SECVB 试件，在第 19 根丝与第 20 根丝之间裂纹扩展停留了 71 μs，在第 20 根丝与第 21 根丝之间裂纹扩展停留了 119 μs。大约 40%的试验试件出现类似现象。值得注意的是，由于裂纹扩展计仅有 44 mm 的长度，仅在这一小范围监测了裂纹的扩展行为。

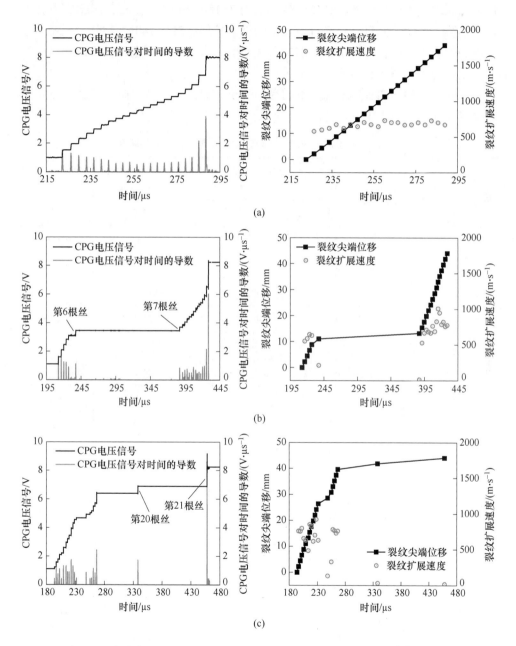

图 3.10　在冲击速度 5.42 m/s 下 CPG 记录的电压信号及电压对时间的导数和裂缝尖端位移及速度随时间变化

（a）180° SECVB 试件 180-10；（b）150° SECVB 试件 150-13；（c）120° SECVB 试件 120-7

从图 3.10 中可以看出，120° SECVB 试件的早期阶段的裂纹扩展速度比 150° 和 180° SECVB 试件的裂纹扩展速度高得多。这是因为对于 120° SECVB 试样，反射的压缩应力波无法到达裂纹尖端，而对于 150° SECVB 试样，压缩应力波可以到达裂纹尖端，并且其水平分量会限制裂纹扩展。对于 180°的试件，压缩波也可以到达裂纹尖端，并且由于压缩应力波会引起水平变形，这对裂纹扩展速度具有抑制作用，如图 3.9 所示。

此外，试件在四种冲击速度下的最小裂纹扩展速度、最大速度和平均速度的测试结果列于表 3.3 中。

表 3.3 不同冲击速度下 CPG 测试得到的裂纹扩展速度

序号	落锤高度（冲击速度）	试件类型和编号	最小裂纹扩展速度 /(m·s^{-1})	最大裂纹扩展速度 /(m·s^{-1})	平均速度 /(m·s^{-1})
1	1.0 m (4.42 m/s)	180-31	541.8	763.9	631
2		150-18	575.9	803	666.9
3		120-29	28.8	1235	201.5
4	1.5 m (5.42 m/s)	180-13	495.5	827.1	689.2
5		180-17	450.5	751.9	626.6
6		180-10	574.72	728.47	665.1
7		150-11	19.95	691.8	236.4
8		150-2	523.5	662.3	604.2
9		150-13	15.57	997.3	215.3
10		120-19	11.2	1000.1	136.7
11		120-7	18.34	924.37	167
12		120-22	317.5	917.4	588.6
13	2.0 m (6.26 m/s)	180-30	582	973.5	698.6
14		150-13	19.9	679	236.46
15		120-1	575.9	763.9	667.3
16	2.5 m (7.0 m/s)	180-4	14.67	1009.2	203.2
17		150-23	574	728.8	664.7
18		120-10	458.3	1122.5	625.9

注：数字"120-10"指的是两斜边夹角为 120°、编号为 10 号的 SECVB 试件，其余类似。

3.4 动态裂纹扩展路径数值研究

AUTOYDN 有限差分法程序已广泛应用于混凝土、岩石等脆性材料动力学行为数值模拟研究，它适用于裂缝扩展行为的数值计算。本章采用 AUTOYDN 有限差分法程序，建立有限差分数值模型，对 SECVB 细骨料混凝土试件的裂纹动态行为进行数值研究。

3.4.1 有限差分模型建立

在数值模拟研究中，建立了 SECVB 试件在落锤冲击下的有限差分模型。采用一比一的比例建立计算模型，包括落锤冲击加载装置的入射杆、透射杆、减震器及细骨料混凝土试件。试件两侧边设置为自由边界，在试件与入射杆和透射杆之间通过设置一个 0.08 mm 的间隙来传递它们之间的相互作用力，当一个网格单元的节点由于变形进入这个间隙区时，它将被相邻部分排斥，从而实现应力波在试件与杆件之间的传播。混凝土减震器的底部采用透射边界，它能传递应力波且无反射。将入射杆设置为一半长度，数值计算时将试验中应变片测试到的荷载曲线加载在入射杆顶面，如图 3.11 所示。

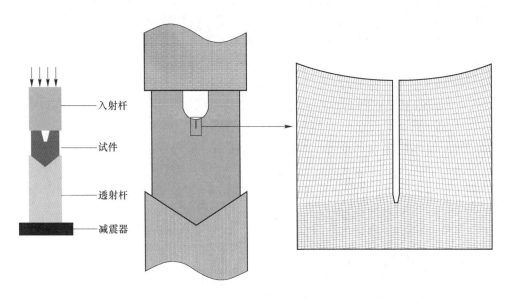

图 3.11 冲击装置部件及试件网格划分示意图

采用非结构四边形单元来划分设备部件和试件的网格，并在裂纹尖端区域进行加密（见图3.11），单元最小尺寸为0.5 mm×0.5 mm，试件总共划分为135650个四边形网格单元。预制裂缝长度和宽度分别为25 mm和1.5 mm。透射杆的材料采用材料库中的STEEL4340，入射杆的材料采用LY12CZ铝合金，试件材料为细骨料混凝土，材料力学参数见表3.1。

在落锤冲击装置中，由于变形和压力均不是很大，弹性强度模型用于细骨料混凝土、LY12CZ铝合金、STEEL4340及混凝土阻尼器。在试验测试中，由于冲击加载装置不能进入屈服状态，设备部件采用无屈服准则。对于细骨料混凝土试件，采用2.3.2节介绍的最大主应力屈服准则结合拉伸断裂软化损伤模型来描述材料破坏。由于本章研究中的裂纹扩展为典型的 I 型断裂，当一个单元的主应力 $\sigma_1(t)$ 超过细骨料混凝土的动态抗拉强度 σ_{td} = 33 MPa 时，材料失效破坏。

在冲击加载荷载作用下，应力波从入射杆顶面向下传播，经过入射杆、试件和透射杆，最后通过混凝土减震器传入大地。当应力波通过预制裂缝时，裂纹尖端受到拉伸应力作用，这可能导致裂纹的萌生和扩展。

3.4.2 裂纹扩展路径数值仿真

对三种SECVB细骨料混凝土试件（底部角度为180°、150°和120°）的裂纹扩展路径进行了数值模拟。仿真结果和测试结果如图3.12所示，从图中容易看出总体上计算结果与测试结果基本一致。但是，由于细骨料混凝土材料的不均匀性和一些不可避免的试验误差，裂纹扩展路径仍然存在一些偏差。在相同的冲击速度下120° SECVB试件的裂纹扩展长度是最短的。这表明，120° SECVB试件的V型边界对正在扩展中的裂纹有较好的止裂功能。

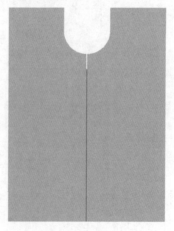

(a)

3.4 动态裂纹扩展路径数值研究

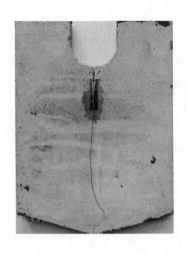

(b)

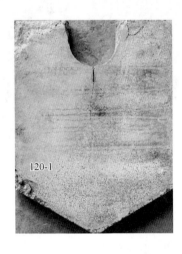
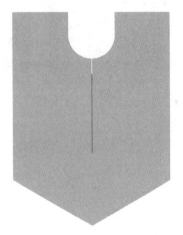

(c)

图 3.12　三种试件裂纹扩展路径的试验和数值模拟结果对比
（冲击速度 6.26 m/s）
(a) 180° SECVB 试件；(b) 150° SECVB 试件；
(c) 120° SECVB 试件

如图 3.13 所示，当压缩应力波在向下传播过程中，预制裂纹起裂（此时时间为 0.1861 ms），并且在起始时刻，试件上下两端断面受到的应力未达到平衡状态。这与 SHPB 测试要求的试样两端的应力平衡不同。因此，一种不需要满足应力平衡条件的试验-数值计算方法应运而生。在 3.5 节中，将基于 ABAQUS 程序并采用这种试验-数值方法来计算混凝土的动态应力强度因子。

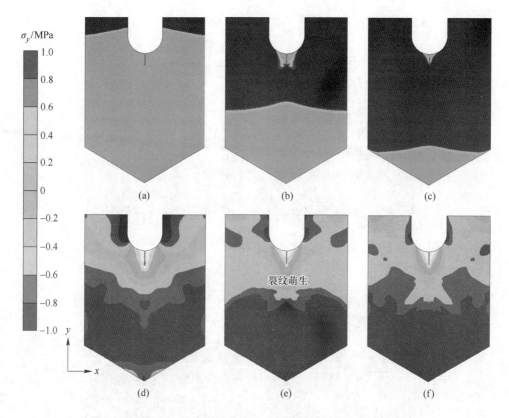

图3.13 在120° SECVB试件中应力波传播引起的y方向应力σ_y
(a) $t=0.0618$ ms; (b) $t=0.0938$ ms; (c) $t=0.1352$ ms;
(d) $t=0.1737$ ms; (e) $t=0.1861$ ms; (f) $t=0.1985$ ms

3.5 动态断裂韧度分析

在动态荷载加载作用下,裂纹尖端的应力相当复杂,动态应力强度因子(DSIF)的解析解难以获得,所以本章采用基于有限元方法的实验-数值方法进行计算。AUTODYN程序可以用于计算动态应力强度因子,但是它的有效性没有很好的验证。因此,本章采用广泛应用于计算应力强度因子的ABAQUS有限元程序来计算SECVB试件的动态应力强度因子。

3.5.1 J积分理论

在动态断裂问题中,由于采用运动方程代替平衡方程,动态荷载下的断裂问题比静态问题变得更加复杂。在最一般的情况下,动态断裂力学包含LEFM和弹塑性断裂力学中不存在的三个复杂特征：惯性效应、速率相关的材料行为和应力波反射作用。当荷载突然变化或裂纹快速增长时，惯性效应很重要，此时施加到试件上的部分功转换为动能。线弹性断裂力学的动态版本称为弹性动态断裂力学，忽略了非线性材料的行为，但在必要时会包含惯性效应和应力波反射作用。弹性动态断裂力学的理论框架已经相当完善，这种方法的实际应用正变得越来越普遍。动态断裂分析结合了非线性的随时间变化的材料行为，许多研究人员已将 J 积分广义化以说明惯性和黏塑性。J 积分是用于表征裂纹尖端周围的局部应力应变场且与积分路径无关。Rice 首先提出了 J 积分的概念，它被广泛用作线性和非线性材料的断裂表征参数。对于平面问题，基于塑性变形理论，J 积分可以由式（3.2）表达：

$$J = \oint_{\Gamma}\left(w\mathrm{d}y - T_i \frac{\partial u_i}{\partial x}\mathrm{d}s\right) \tag{3.2}$$

式中　Γ——裂纹尖端周围的任意曲线（见图 3.14）；

x,y——以裂纹尖端处为原点的直角坐标；

T_i——张力矢量；

w——应变能密度；

u_i——位移矢量的分量；

$\mathrm{d}s$——积分路径轮廓的长度增量。

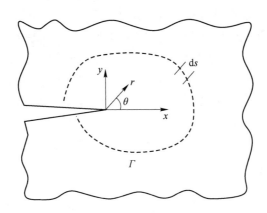

图 3.14　用于定义 J 积分的裂纹尖端周围的任意曲线

对于变形可塑性材料，Kobayashi 等人使用有限元数值模型对裂尖周围的不同积分路径进行了计算分析，验证了 Rice 定义的 J 积分与路径变化的关系。因此，J 被称为与路径无关的积分。后来，广泛的数值分析验证了单个 J 积分参数可以准确地描述裂纹尖端应力场的强度。Kumar 等人使用有限元数值计算获得了在平面应力和平面应变条件下许多试样和简单几何形状的 J 积分解。如今，大多数商业有限元分析软件（包括 ANSYS 和 ABAQUS）都可以计算包含裂纹的实际结构在二维裂纹尖端或三维裂纹尖端的 J 积分。对于线性弹性材料的特殊情况，$J = G$。此时，根据式（1.8），J 积分和应力强度因子 K_I、K_II、K_III 之间的关系可表示如下：

$$J = \frac{K_\mathrm{I}^2}{E'} + \frac{K_\mathrm{II}^2}{E'} + \frac{K_\mathrm{III}^2}{2\gamma} \tag{3.3}$$

式中　E'——弹性模量，平面应力状态时 $E' = E$，平面应变状态时 $E' = \dfrac{E}{1-\mu^2}$，

　　　μ——材料的泊松比；

　　　γ——剪切模量。

因此，从能量和应力场两个角度来看，J 积分都是 Irwin 提出的应力强度因子 K 方法的扩展。由于在描述裂纹尖端力学行为和测量断裂抗力方面具有双重作用，因此 J 积分已成为弹塑性断裂力学的重要标志和参数。因此，J 积分理论当然可以用于分析线弹性的平面裂纹问题。ABAQUS 软件中采用式（3.3）计算试件裂纹开裂时裂纹尖端应力强度因子，本章也是采用此种方法获得裂纹应力强度因子。

3.5.2　有限元模型及 DSIF 计算

对冲击荷载作用下的细骨料混凝土试件，由有限元程序 ABAQUS 建立相应的数值计算模型。模型参数设置和网格划分方式跟上一章相同，裂纹尖端区域采用 CPS6 单元，其他区域采用 CPS8 单元。加载时间步长为 0.1 μs，如图 3.15 所示。动态荷载 σ_i（见图 3.6 中的"入射波 + 反射波"曲线）施加于试件的顶部；由于试件底部是两个斜面，动态荷载 σ_t（见图 3.6 中的"透射波"曲线）施加于试件的 V 型底部；当应力波传到试件底部时刻，σ_t 开始加载于底部。

在起始时刻，由于裂纹的扩展速度 $v = 0$ 和相应的普适函数值 $k(0) = 1$，裂纹动态应力强度因子 $K_\mathrm{I}^\mathrm{d}(t)$ 相当于静态裂纹应力强度因子 $K_\mathrm{I}^\mathrm{d}(t)$。基于前面建立的数值模型，计算出 M 点和 N 点（见图 3.15）的位移，再计算出应力强度因子 $K_\mathrm{I}^\mathrm{d}(t)$。

180° SECVB 试件 180-10 的应力强度因子随时间的变化曲线如图 3.16(a) 所示。在开始阶段，裂纹在压缩应力波作用下是闭合的，因此应力强度因子 SIF 是负值。但是随着应力波波头的前行，裂纹开始张开且 SIF 由负值变为正值。

对于 180° SECVB 试件 180-10，裂纹的起始时刻为 $t_\mathrm{f} = 222.65$ μs。根据图 3.16(a)，可以确定起始时刻的临界动态应力强度因子 DSIF $K_\mathrm{I}^\mathrm{d}(t) = 4.911$ MPa·m$^{1/2}$，$K_\mathrm{I}^\mathrm{d}(t)$ 也是细骨料混凝土的起始断裂韧度。

裂纹在扩展过程中，其动态应力强度因子随裂纹长度变化。现选择以 180° SECVB 试件 180-13 作为例子来阐述临界动态应力强度因子的确定方法。当裂纹

3.5 动态断裂韧度分析

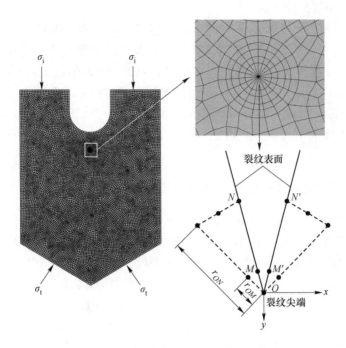

图 3.15 SECVB 试件的有限元网格划分

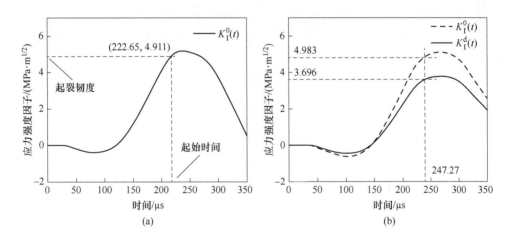

图 3.16 在起裂和扩展时刻的应力强度因子随时间变化曲线
(a) 裂纹起裂时 (裂纹长度为 25 mm); (b) 裂纹扩展过程 (裂纹长度为 40.4 mm)

扩展长度为 15.4 mm 时，裂纹总长度为 40.4 mm（裂纹起始长度为 25 mm），假定这个裂纹在冲击加载试验前就存在。裂纹的应力强度因子就可以采用计算裂纹起始时刻的方法来计算。裂纹的应力强度因子 $K_I^0(t)$ 随时间变化的计算结果在

图 3.16(b)(虚线) 中给出。

第 8 根丝和第 9 根丝的断裂时刻分别是 247.27 μs 和 250.41 μs,并且两根丝之间的间隔距离为 2.2 mm,两丝之间裂纹平均扩展速度为 700.63 m/s。根据公式 (2.18),计算得到普适函数值 $k(V) = 0.7417$。根据公式(2.17)得到 $K_I^d(t)$ 随时间的变化曲线,如图 3.16(b)(实线) 所示。测试结果表明第 8 根丝的断裂时刻为 247.27 μs,因此相应的临界动态应力强度因子(DSIF)为 3.696 MPa·m$^{1/2}$,此时刻的 SIF 最大值为 4.983 MPa·m$^{1/2}$,说明裂纹扩展过程中动态 SIF 明显小于静态 SIF。

3.5.3 裂纹扩展路径上的临界 DSIF 和裂纹扩展速度

按照以上确定动态断裂韧度的方法可以确定出 CPG 各个断裂丝栅的动态断裂韧度。用于本书中的 CPG 总共有 21 根丝,根据每根丝的断裂时刻可获得对应于每根丝的临界 DSIFK_I^d。因此,对于一个裂纹扩展计 CPG,可以得到 20 个临界 DSIF 值(对于最后一根丝,裂纹扩展速度不能准确计算)。

对于 180-10 SECVB、150-13 SECVB 和 120-7 SECVB 试件,临界 DSIFK_I^d 随裂纹扩展长度的变化曲线在图 3.17 中给出。裂纹扩展速度与瑞雷波波速的比值随裂纹扩展长度的变化曲线也在图 3.17 中给出。

从图 3.17 可以看出,临界 DSIF 值在起始时刻和止裂时刻最高,并随着裂纹扩展长度总体上减小。180°试件的裂纹扩展速度随裂纹扩展长度有轻微的变化[见图 3.17(a)],但是对于 150°和 120°试件,裂纹扩展速度有较大波动,尤其是图 3.17(b) 的第 6 根丝栅和图 3.17(c) 的第 20 根丝栅,此时裂纹出现止裂现象。测试结果显示裂纹扩展速度通常小于瑞雷波波速的一半。

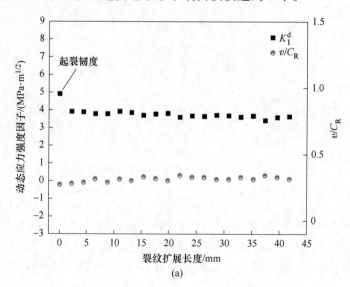

(a)

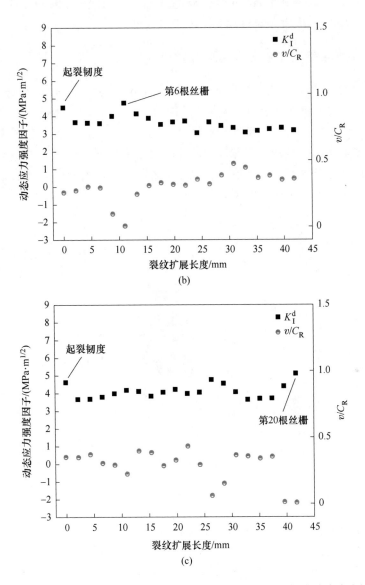

图 3.17 临界 DSIF 随裂纹长度变化曲线和裂纹扩展速度与瑞雷波波速的
比值随裂纹长度变化曲线

(a) 180° SECVB 混凝土试件 180-10；(b) 150° SECVB 混凝土试件 150-13；
(c) 120° SECVB 混凝土试件 120-7

对于 180-10 SECVB、150-13 SECVB 和 120-7 SECVB 试件的裂纹动态平均扩展韧度分别为 3.714 MPa·m$^{1/2}$、3.589 MPa·m$^{1/2}$、4.081 MPa·m$^{1/2}$，三个数据平均得到细骨料混凝土材料的裂纹动态扩展韧度为 3.795 MPa·m$^{1/2}$。150-13 SECVB

和 120-7 SECVB 试件测试到的裂纹动态止裂韧度分别为 4.749 MPa·m$^{1/2}$ 和 5.104 MPa·m$^{1/2}$，均大于裂纹动态平均扩展韧度。

3.5.4　裂纹扩展韧度与裂纹扩展速度的关系

试验总共成功测试并采集到 18 个 SECVB 试件的裂纹扩展计丝栅的断裂时间和裂纹扩展速度。通过实验-数值方法可以数值计算出 360 个动态应力强度因子值，也即是细骨料混凝土的动态断裂韧度。图 3.18 中给出了 18 个试件的裂纹动态扩展韧度随裂纹扩展速度对瑞雷波波速的比值变化图。从图中可以看出，裂纹动态扩展韧度通常与其扩展速度成反比，这表明裂纹扩展韧度不是独立的材料参数，而是与裂纹的扩展速度密切相关。

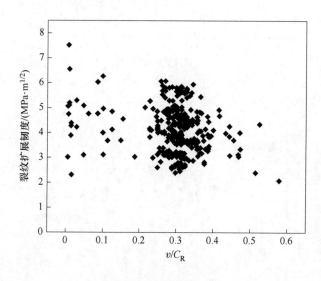

图 3.18　裂纹扩展韧度随 v/C_R 变化

当瑞雷波波速为 2131 m/s 时，细骨料混凝土的 v/C_R 值范围为 0.23 ~ 0.38，相应的裂纹扩展速度大多集中于 490 ~ 810 m/s，这远远低于瑞雷波波速。从图 3.18 中还可以看出，当裂纹扩展速度对瑞雷波波速的比值 v/C_R 小于 0.1 或接近零时，动态断裂韧度值较大，且这些多为裂纹在止裂点处的动态断裂韧度，即动态止裂韧度，可以看出动态止裂韧度离散性较大。

3.5.5　起始断裂韧度与加载率的关系

图 3.19(a) 所示的动态荷载随时间变化曲线的弹性部分的斜率定义为加载率，可以使用 ORIGIN 程序计算导数以获得加载率。在本次冲击试验中，只有四种冲击速度，因此每种 SECVB 试件只有四种荷载加载率。起裂韧度和加载率之

间的关系如图 3.19(b) 所示。

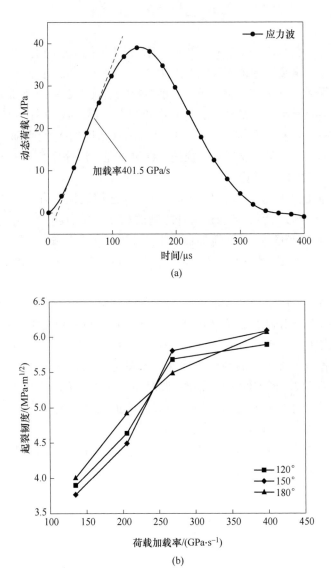

图 3.19 三种 SECVB 试件的起裂韧度与加载率的关系
(a) 加载率定义；(b) 起裂韧度随加载率变化曲线

可以看出，起裂韧度随着加载率的增加而增加，这一结果与之前学者们的试验结果基本一致。当加载率大于 275 GPa/s 时，所有试件的起裂韧度趋于一恒定值，这意味着对于细骨料混凝土材料，当加载率大于一定值时，加载率的影响将降低。

3.6 本章小结

第 2 章的平底 SCTO 试件未能在冲击断裂试验中监测到止裂点或止裂现象，基于应力波反射止裂思想改变试件底边形状，本章设计的新的 V 型底部 SECVB 试件可以监测到止裂现象。为了研究脆性材料的裂纹止裂机理及断裂特征，本书采用细骨料混凝土作为模型材料，它具有价格低、易于成型和便于取材等优点。在落锤冲击加载装置下对 120°、150°和 180°三种角度的 V 型底部试件进行了冲击加载断裂试验，并对裂纹断裂特征进行数值研究，还计算和分析了裂纹动态断裂韧度，随后得到以下结论：

（1）本章提出了 SECVB 试件构型，它对动态裂纹扩展具有止裂作用。这是因为 SECVB 试件的 V 型底部与透射杆之间的相互作用引起的压应力波的水平分量可以对向下扩展的裂纹起到抑制作用。120° SECVB 试件的止裂功能大于 150° SECVB 试件，因此 120° SECVB 试件可作为研究裂纹止裂问题的首选试件构型。

（2）细骨料混凝土中裂纹起始时的临界动态应力强度因子（DSIF）高于扩展时的临界动态应力强度因子（DSIF），一般临界 DSIF 随着裂纹扩展长度的增加而减小，表明扩展韧度不是一个独立的材料参数，它与裂纹扩展速度有关。

（3）细骨料混凝土中的裂纹扩展速度不是恒定的，并且在扩展期间，可能发生裂纹止裂现象，即裂纹可能停止一段时间并重新开始扩展。

（4）细骨料混凝土中的起裂韧度随着荷载加载率的增加而增加，并且当加载率大于某一值时，它倾向于一个稳定值。

（5）动态裂纹的起裂韧度和止裂韧度大于扩展过程中的断裂韧度，并且测试到的止裂韧度值具有较大离散性。

4 圆弧底部对运动裂纹的止裂

4.1 引 言

岩石和混凝土等脆性材料作为建筑材料已经在现代工程结构中得到广泛应用，虽然它们的基本力学性质已有大量研究和应用，但在工程实践中，脆性材料常因其内部的微裂纹、孔洞和夹杂等缺陷导致结构出现宏观裂纹，严重时甚至导致隧道、桥梁和地下人防设施等重要工程结构损坏或完全失稳。因此，迫切需要开发裂纹止裂技术来防止工程结构中的已有裂纹继续扩展，尤其是针对某些重要工程结构。

对裂纹扩展规律和止裂行为已有一些有意义的研究。在冲击荷载作用下，张财贵等人用岩石试样研究了裂纹的萌生、扩展和止裂行为，指出裂纹止裂是一种突发现象。王蒙等人采用青砂岩试样研究了复合型裂纹动态扩展，发现裂纹扩展路径是弯曲的并且在裂纹止裂处有明显的拐点。Grégoire 等人采用透明有机玻璃进行了冲击断裂试验，发现裂纹扩展过程中存在止裂和再起裂现象。以上研究说明，在冲击荷载作用下岩石或有机玻璃等脆性材料动态断裂过程中存在裂纹止裂现象，深入研究和合理设计，可以开发出适合于脆性材料的裂纹止裂技术。

裂纹止裂现象发生是随机出现的，且摄影技术、应变片技术等现有测试技术仅对测试试样的一定区域进行监测，有可能监测的区域没有发生止裂而观测不到止裂现象。那么，就需要开发一种构型试件使裂纹能够在监测区域出现止裂。为此，Lang 等人采用 V 型底试样研究冲击加载下的裂纹止裂行为，试图通过改变试样的形状来发展在冲击荷载下的脆性材料裂纹止裂技术。其原理是试件的 V 型底部反射的压应力波抑制了运动裂纹，从而使裂纹停止继续扩展。对两个角度 120°和 150°的 V 型底试件的试验和数值模拟，结果表明两种试样对运动裂纹均有一定抑制作用，但也仅有部分试件监测到裂纹止裂现象。

为了进一步研究裂纹动态扩展及止裂机理，基于反射应力波止裂的思想，改变试件底部形状后，本章提出了一种带圆弧形底边的梯形开口边裂纹（trapezoidal opening crack with arc bottom，TOCAB）构型试件。基于落锤加载试验装置和 TOCAB 构型试件进行了冲击试验，采用裂纹扩展计测量裂纹扩展时间和裂纹扩展速度。采用 AUTODYN 程序对裂纹的萌生、扩展和止裂全过程进行了数值模拟，同时，利用实验-数值方法计算动态断裂韧度。通过冲击试验和数值仿真对裂纹的动态扩展行为和圆弧底部对裂纹的止裂机理进行了分析探讨。

4.2 模型试件及试验数据

4.2.1 试件构型设计

先前的研究人员采用 SCDC 构型、SCSC 构型和 SCT 构型的试样，在进行冲击试验中发现裂纹动态扩展过程中存在止裂现象，为了进一步探究裂纹止裂机理和开发裂纹止裂技术，本章设计了一种带圆弧形底边的梯形开口边裂纹（TOCAB）构型试件，如图 4.1(a) 所示。在竖向冲击荷载作用下，TOCAB 试件的圆弧形底部与透射杆之间会产生反射压缩应力波，在裂纹尖端前部形成的压缩应力水平分量能够抑制或减缓运动裂纹的扩展 [见图 4.1(b)]，最终导致裂纹停止扩展。

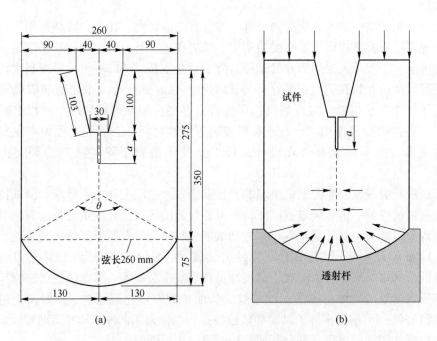

图 4.1 圆弧底试件几何尺寸和裂纹止裂机理示意图（单位：mm）
(a) TOCAB 构型试件；(b) 裂纹止裂机理

如图 4.2 所示，四种 TOCAB 试件的圆弧所对应的圆心角分别为 0°、60°、90° 和 120°。试件的宽度、高度和厚度均相同，分别为 26 cm、35 cm 和 3 cm；上部梯形开口宽度和高度分别为 8 cm 和 10 cm；预制裂纹长度和宽度分别为 10 cm

和 0.15 cm。120° TOCAB 试件的几何尺寸如图 4.1(a) 所示，其底部圆弧的圆心角 θ 为 120°，所对应弦长为 26 cm，预制裂缝起始于梯形开口底边中点且平行于试件中轴线，这是典型的Ⅰ型断裂裂纹。为保证裂纹从预制裂缝尖端有效起裂，试验前对裂纹尖端采用 0.1 mm 薄钢锯条进行锐化处理。

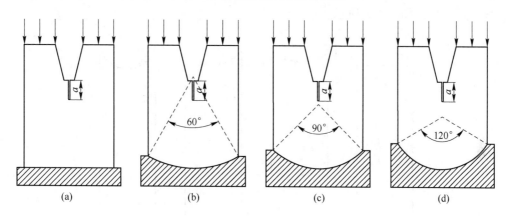

图 4.2　四种用于研究动态断裂行为的大尺寸试件构型
(a) 0° TOCAB；(b) 60° TOCAB；(c) 90° TOCAB；(d) 120° TOCAB

4.2.2　材料准备和试件浇筑

本试验选用细骨料混凝土作为模型材料，细骨料混凝土中各组成成分的比例与第 2 章的细骨料混凝土配合比例相同。水泥采用普通硅酸盐水泥 P.O 42.5R，所用砂采用本地河砂，粉煤灰采用前锋电厂Ⅱ级粉煤灰，所用水采用自来水。其力学参数由 6 个边长为 15 cm、高度为 30 cm 的长方体试块和 12 个边长为 10 cm 的立方体试块测试所得，细骨料混凝土力学参数见表 4.1。

表 4.1　试验用细骨料混凝土力学参数

泊松比 μ	弹性模量 E/GPa	密度 /(kg·m^{-3})	膨胀波波速 C_d/(m·s^{-1})	畸变波波速 C_s/(m·s^{-1})	瑞雷波波速 C_R/(m·s^{-1})
0.22	30.31	2159	4003.5	2398.6	2187.9

检测参数所用的试块和试验所用试件都在塑料模具中浇筑而成，在试验室常温环境下放置 24 h 后，将试样取出并移入具有 22 ℃和 98% 相对湿度（RH）的养护室中进行养护，直至达到需要的试验龄期取出进行试验。本试验从同一批搅拌的细骨料混凝土中选材浇筑了 80 个构件，每种构型 20 个。

4.2.3　应变片和 CPG 监测的数据

本试验仍然采用基于 SHPB 试验原理设计的落锤冲击试验装置，如图 2.5 所示。它的优点是入射杆和透射杆的尺寸比 SHPB 中的压力杆大,可以对大尺寸的试件进行测试。为保证入射杆、透射杆与试件有良好接触并减少摩擦,试验前将试样上下端面打磨光滑并抹上凡士林润滑剂。值得注意的是,透射杆应依据每种试件的底部弧度相应制造不同尺寸的透射杆,本试验需要准备四种不同圆弧形顶部的透射杆,如图 4.3 所示。

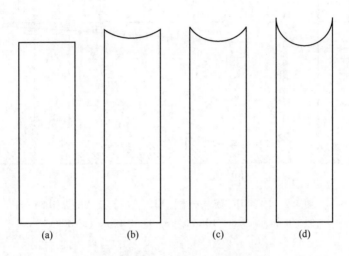

图 4.3 四种用于实验的透射杆示意图
(a) 0°; (b) 60°; (c) 90°; (d) 120°

在试验中,在入射杆和透射杆中间点分别粘贴一个 35 mm 长的高精度的电阻应变片以便监测试验过程中加载荷载。利用 ORIGIN 软件对数字示波器采集的信号进行降噪处理,经计算得到相应的应变信号。然后,试件上下端的动态荷载 $P_i(t)$ 和 $P_t(t)$ 可以通过式 (4.1) 计算得到:

$$\begin{cases} P_i(t) = E_i A_i (\varepsilon_i(t) + \varepsilon_r(t))/A_s \\ P_t(t) = E_t A_t \varepsilon_t(t)/A_s \end{cases} \quad (4.1)$$

式中 下标 i,r,t,s——入射、反射、透射和试件;
E——杨氏弹性模量;
ε——应变;
A——横截面面积。

在冲击速度为 4 m/s 下测试到的动态荷载曲线如图 4.4 所示。在随后的数值模拟中,它们将用作试件上的加载条件。图 4.4 中给出了动态荷载 $P_i(t)$ 随时间变化曲线,其弹性部分的斜率称为加载率,它可由 ORIGIN 软件计算得到。对于冲击速度为 4 m/s 时,其加载率为 208.75 GPa/s,如图 4.4 所示。

在试验中,采用裂纹扩展计(CPG)监测裂纹起裂和扩展到某处的时间。

4.2 模型试件及试验数据

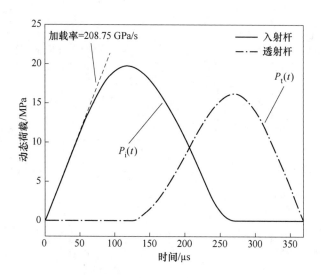

图 4.4　入射杆和透射杆测试到的荷载-时间曲线

CPG 主要由间距相等的卡玛铜电阻丝并联布置于玻璃丝布基底上，然后由两根主电阻丝连接至数据采集装置。本试验采用的 CPG 长度和宽度分别为 44 mm 和 18 mm，两根相邻电阻丝的间隔距离为 2.2 mm。将裂纹扩展计 CPG 粘贴于裂纹扩展路径上，第一根电阻丝与预制裂缝尖端对齐以便监测裂纹起裂时刻。在竖向冲击荷载作用下，随着裂纹动态起裂，CPG 的电阻丝一根一根逐渐断裂，超动态应变仪收集到的电压信号呈台阶状跳跃，在加载率为 273.64 GPa/s（加载速度 5 m/s）的冲击荷载作用下，四种 TOCAB 试件的电压信号如图 4.5 所示。将电压对时间求导，相对应的极值时间即是电阻丝断裂时刻。根据相邻两根电阻丝的间距 2.2 mm 和两根丝栅的断裂时间间隔，可计算得到两根电阻丝之间的裂纹平均扩展速度。

从图 4.5 可知，三种圆弧底试件的裂纹在扩展过程中均存在延迟或止裂现象。对于 60° TOCAB 试件 60-3，动态裂纹扩展至第 4 根丝之后停止了 73.66 μs；对于 90° TOCAB 试件 90-3，动态裂纹扩展至第 15 根丝之后停止了 126.32 μs；对于 120° TOCAB 试件 120-2，动态裂纹扩展至第 20 根丝之后停止了 78.76 μs。

图 4.6 给出了三种 TOCAB 试件底部产生的反射压缩应力波的传播路径示意图。对于 60° TOCAB 试样，反射压缩应力波能够传播到预制裂纹尖端，故动态裂纹在扩展早期发生止裂。而对于 120° TOCAB 试件，反射压缩应力波能够传播到试件中部或下部，故与 60° TOCAB 和 90° TOCAB 试件相比，120° TOCAB 试件的动态裂缝的止裂时间较晚。

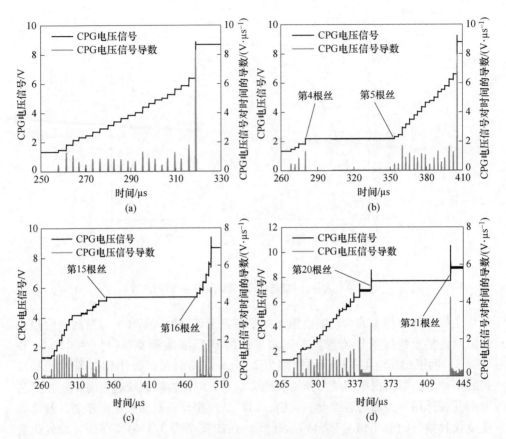

图 4.5　CPG 电压信号历史及其对时间的导数
(a) 0° TOCAB 试件 0-8；(b) 60° TOCAB 试件 60-3；(c) 90° TOCAB 试件 90-3；
(d) 120° TOCAB 试件 120-2

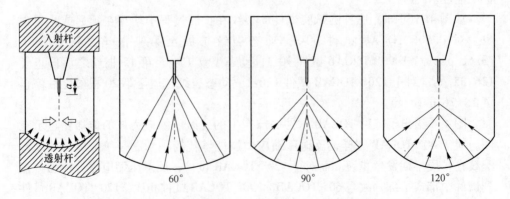

图 4.6　圆弧底试件的反射压缩应力波示意图

4.2.4 裂纹扩展速度及裂纹尖端位置

裂纹扩展速度可由相邻两根电阻丝的间隔距离除以两根电阻丝断裂时间差计算可得。图 4.7 为四种 TOCAB 试件在加载速率 273.64 GPa/s 冲击荷载下裂缝扩展速度和裂纹尖端位置随时间变化的测试结果。从图中容易观察到，裂纹尖端的位移随时间增加而增长，尤其在 0° TOCAB 试件 0-8 中几乎呈线性增加，在其他三种圆弧底试件中分别存在一段平台段，此时裂纹尖端停止扩展。裂纹扩展速度总体上随时间上下波动，它并不是一个恒定值。圆弧底试件的裂纹扩展速度的离散性比平底试件更大，裂纹扩展速度一般小于 1/2 倍瑞雷波波速。

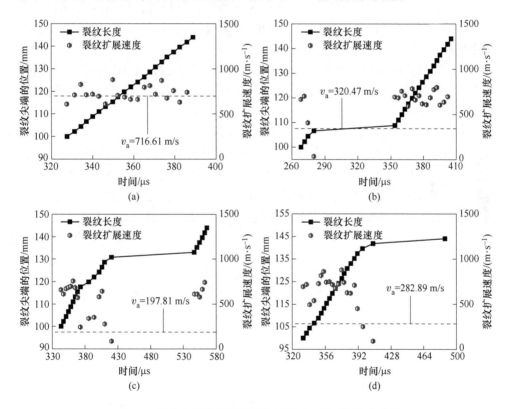

图 4.7 裂纹尖端的位置及裂纹扩展速度随时间变化曲线
(a) 0° TOCAB 试件 0-8；(b) 60° TOCAB 试件 60-3；
(c) 90° TOCAB 试件 90-3；(d) 120° TOCAB 试件 120-2

对于 0° TOCAB 试件 0-8，最小裂纹扩展速度为 611.11m/s，最大裂纹扩展速度为 880 m/s。从图 4.5(a) 可知，CPG 第 1 根丝断裂时刻为 $t_1 = 257.58$ μs，CPG 第 21 根丝断裂时刻为 $t_{21} = 318.98$ μs，CPG 的总长度 l 为 44 mm，因此，0° TOCAB 试件的裂纹平均扩展速度为 $v_a = l/(t_{21} - t_1) = 716.61$ m/s。同理，可计

算出60°、90°和120°圆弧底TOCAB试件的裂纹平均扩展速度分别为320.47 m/s、197.81 m/s、282.89 m/s。可以看出圆弧底试件的裂纹平均扩展速度远小于平底试件的裂纹平均扩展速度，这说明，由圆弧试件底部与透射杆相互作用产生的反射压缩应力波对裂纹扩展速度有明显的抑制作用。

4.3 裂纹扩展特征及断裂参数分析

4.3.1 有限差分模型建立

为了进一步研究裂纹的动态扩展行为和裂纹止裂机理，采用有限差分软件AUTODYN进行了数值模拟研究，AUTODYN软件适用于研究冲击荷载作用下的脆性材料。

在落锤冲击试验中，由于加载率较低，并且细骨料混凝土材料的变形和压力较小，因此，将线性状态方程应用于细骨料混凝土材料和设备部件，并且仍然采用第2章介绍的最大主应力准则结合CS模型来模拟细骨料混凝土材料失效状态。由于设备部件不能进入屈服状态，故不设置屈服准则。

依照图4.8所示的落锤冲击装置和试件的几何尺寸建立了二维有限差分数值模型。为有效传递应力波，数值模型中在相邻的两个构件之间和试件与杆件之间设置了如图4.8所示的Gap，同时试件两侧边设置为自由边界。在混凝土阻尼器的底部设置了一个透射边界，它可以将应力波传递到地面且没有反射。

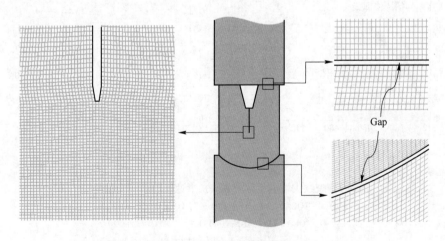

图4.8 落锤冲击装置和试件的网格划分示意图

采用四边形非结构网格对落锤冲击加载系统进行网格划分。全局单元大小设置为1 mm×1 mm，对裂纹尖端区域和沿裂纹扩展路径上的单元网格进行加密，其尺寸为0.5 mm×0.5 mm，并将裂纹尖端设置成一个单元大小的平台，如图 4.8 所示。当裂纹尖端网格单元的最大主应力超过材料的抗拉强度时，单元随之破坏并达到完全失效状态，裂纹开始起裂。试件划分单元网格总数为 189000 个，预制裂缝宽度为 1.5 mm，裂缝长度为 100 mm。细骨料混凝土试件的材料参数采用表 4.1 中的参数，入射杆和透射杆的材料参数设置与 3.4.1 节一致。

入射杆设置为一半长度，荷载加载方式与第 3 章一样，详见 3.4.1 节，数值计算时将测试到荷载曲线加载在入射杆顶端。压缩应力波由入射杆顶面向下传播，经入射杆进入混凝土试件，再传入透射杆，最后经底部的阻尼器传入大地。当压缩应力波经过裂纹尖端时，裂纹尖端承受较大的水平拉伸作用，从而导致裂纹起裂并扩展。

4.3.2 裂纹动态扩展特征

在加载率为 273.64 GPa/s 的冲击荷载作用下，对不同弧度的圆弧底试件进行了冲击试验和数值仿真。图 4.9 为不同圆弧底试件的裂纹扩展路径的试验结果和数值仿真结果。可以看出，裂纹扩展路径的数值计算结果与试验结果基本一致，但仍有轻微偏差，这可能是由于试验材料的不均匀性造成的。对于 0° TOCAB

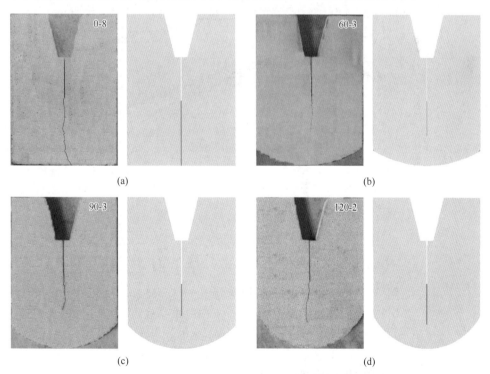

图 4.9 裂纹扩展路径的试验结果和数值仿真结果
(a) 0° TOCAB；(b) 60° TOCAB；(c) 90° TOCAB；(d) 120° TOCAB

试件，裂纹扩展到试件的底端，而对于三种圆弧底试件，裂纹没有扩展到试件的底端，这表明试件底部与透射杆之间产生的反射压缩应力波对运动裂纹具有较强的抑制作用。

4.3.3 裂纹扩展路径上的水平压应力

为了进一步研究圆弧底试件的动态裂纹止裂机理，在裂纹扩展路径上设置了一系列间距为 1 mm 的监测点（见图 4.10），并绘制出了裂纹路径上监测点所受到的最大水平压应力。可以看出，圆弧底试件的最大水平压应力 σ_x 始终大于平底试件的最大水平压应力，这是因为圆弧底与透射板相互作用产生的反射压缩波对裂纹路径上的监测点施加了额外的压力。在裂纹扩展的早期阶段，60° TOCAB 试件的最大水平压应力 σ_x 轻微地大于其他两种弧度的圆弧底试件，这是因为 60° TOCAB 试件的反射压缩波能够到达预制裂缝尖端。然而，当裂纹扩展至试件中部后，即大约距离预制裂缝尖端 80 mm 后，在三种圆弧底试件中 120° TOCAB 试件的最大水平压应力 σ_x 是最大值，此时反射压缩应力波水平分量为最大值，这也与图 4.6 中对圆弧底试件的反射压应力的分析是一致的。

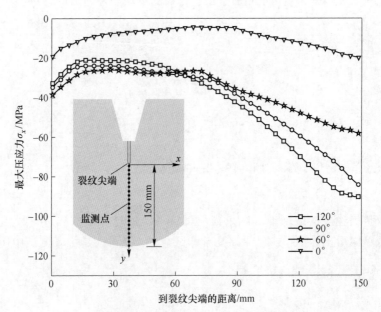

图 4.10 相同加载率 273.64 GPa/s 下四种圆弧底试件最大压应力 σ_x 沿裂纹路径变化

4.3.4 加载率对裂纹扩展长度的影响

在本试验研究中，总共成功测试了 48 个 TOCAB 试件，并记录了测试数据。图 4.11 为在不同加载荷载作用下 0°、60°、90°和 120°圆弧底 TOCAB 试件的裂纹扩展长度。从加载率 150~350 GPa/s 内，三种圆弧底试件的裂纹长度均小于平底试件，表明试件底部与透射杆之间产生的反射压应力对动态裂纹有较强的抑制作用。随着加载率的增加裂纹扩展长度增长较小，这意味着加载率对圆弧底试件裂纹扩展长度的影响较小，表明水平压应力对裂纹扩展的抑制作用显著。

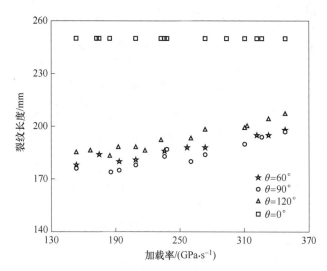

图 4.11 不同加载率下 0°、60°、90°和 120°圆弧底 TOCAB 试件的裂纹扩展长度

4.3.5 加载率对裂纹扩展速度的影响

为了监测裂纹扩展速度，在数值模型中沿着裂纹扩展路径设计了一组间距为 1 mm 的测量点。在图 4.12 中，将四种类型试件在不同加载率下 CPG 覆盖区域中平均裂纹扩展速度的数值计算结果与测试结果（通过分形方法进行校正）进行了比较，可以看出数值模拟结果略高于测试结果，这可能是由于测试中使用的细骨料混凝土材料的不均匀性引起的。在动态断裂试验中，试验材料的不均匀性要远远大于数值模拟时假定的均质材料，所用试验材料中的骨料、孔洞、微裂纹对裂纹扩展速度的波动影响较大。

对于底部为平直的试件（0° TOCAB 试件），平均裂纹扩展速度要比弧形底部的试件快得多。这是因为从 TOCAB 试件的弧形底部产生的倾斜压应力波限制了圆弧底试件的裂纹扩展。

在三种圆弧底试件中，120°试件的平均裂纹扩展速度最高，而 60° TOCAB 试件的平均裂纹扩展速度最低。这是因为 120° TOCAB 试件的反射压应力波无法到

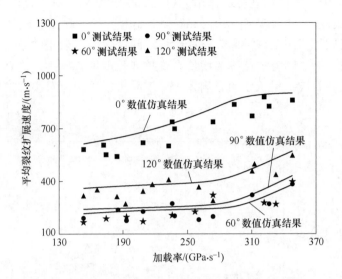

图 4.12　在不同加载率下 0°、60°、90° 和 120° 圆弧底 TOCAB 试件的平均裂纹扩展速度

达裂纹尖端，即 CPG 覆盖区，但是对于 60° TOCAB 试样，它可以直接到达 CPG 覆盖区，如图 4.6 所示。

4.4　临界动态应力强度因子分析

在动态裂纹断裂研究中，除了对裂纹动态扩展行为进行研究，还需计算裂纹的动态应力强度因子，这是因为动态应力强度因子（DSIF）是描述裂纹动态扩展的一个重要的断裂参数。通常 DSIF 不能直接测量得到，并且有限元程序 ABAQUS 已经广泛应用于计算裂纹应力强度因子（SIF），因此采用实验-数值方法来计算裂纹扩展过程中的临界 DSIF。为此，根据试验加载状况建立了四种 TOCAB 试件的有限元数值模型。

4.4.1　ABAQUS 有限元模型

为了计算运动裂纹的 DSIF，建立了落锤冲击加载下 TOCAB 试件的有限元模型（见图 4.13），裂纹尖端区域采用 CPS6 单元进行离散化，其他区域采用 CPS8 单元进行网格划分。TOCAB 试件的网格单元数为 12303 个。细骨料混凝土的材料参数采用表 4.1 中的参数。在试件上下端分别施加如图 4.4 所示的动态荷载 $P_i(t)$ 和 $P_t(t)$。基于断裂力学理论和位移外推法，平面应变问题的动态应力强度因子（DSIF）可由式（2.17）确定。

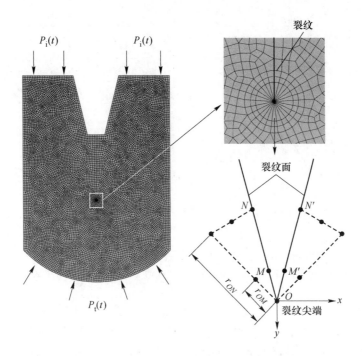

图 4.13 计算 DSIF 所采用的有限元模型的网格划分示意图

4.4.2 临界 DSIF 的确定

根据试验测得的 CPG 电阻丝断裂时间和数值计算可以确定裂纹扩展过程中的临界 DSIF，这种方法即为实验-数值计算方法。以 0° TOCAB 试件的起始时刻为例，根据有限元模型的数值计算结果，得到了不同时刻的裂纹位移 $u_M(t)$ 和 $u_N(t)$。将它们代入式（2.14）中，计算裂纹的静态应力强度因子 $K_I^0(t)$，并得到相应的 $K_I^0(t)$ 随时间变化曲线，并将其绘制在图 4.14(a) 中。因此，对于裂纹起始时刻，由式（2.17）可得 DSIF 为 $K_I^d(t) = K_I^0(t)$。

对于 0° TOCAB 试件 0-8，根据试验结果可知当时间为 257.58 μs 时裂纹萌生。如图 4.14(a) 所示，由横坐标上 257.58 μs 时刻所对应的纵坐标值来确定裂纹起裂时的临界 DSIF，即 $K_I^d(t) = 3.052$ MPa·m$^{1/2}$，它可以当作是细骨料混凝土的起裂韧度。

对于裂纹扩展过程中，任意选取 CPG 的一根电阻丝的断裂来描述临界 DSIF 的计算方法。例如当 CPG 的第 10 根电阻丝断裂时，裂纹扩展速度和裂纹长度由计算可得，假定此时的裂纹长度作为试件的预制裂缝长度并建立了相应的数值模型。通过计算得到 SIF $K_I^0(t)$ 随时间变化的曲线，如图 4.14(b) 所示的虚线。

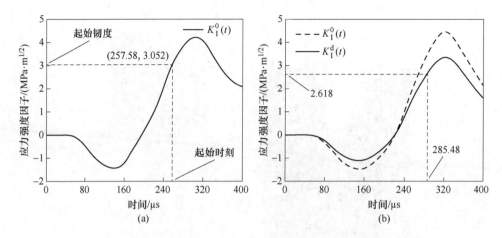

图 4.14 在裂纹起始和扩展过程中临界 DSIF 的计算方法
(a) 起始时刻的临界 DSIF 的确定；(b) 裂纹扩展过程中的临界 DSIF 的确定

0° TOCAB 试件 0-8 在第 10 根和第 11 根电阻丝之间的平均裂纹扩展速度为 685.36 m/s。通过式（2.18）得到普适函数值 $k(v) = 0.7543$，如图 4.14(b) 所示的实线为 DSIF $K_I^d(t)$ 随时间变化的曲线。第 10 根电阻丝断裂时间为横轴上的 285.48 μs，其相对应的纵轴上的临界 DSIF 是 2.618 MPa·m$^{1/2}$，它小于静态裂纹中应力强度因子最大值。

4.4.3 裂纹扩展中的临界 DSIF

对于四种不同弧度的 TOCAB 试件，通过试验-数值法得到了每根电阻丝断裂处的临界 DSIF。图 4.15 为四种试件的临界 DSIF 与裂纹长度的关系曲线，同时，图 4.15 还给出了裂纹速度 v 与瑞雷波波速 C_R 的比率随裂纹长度变化的关系。

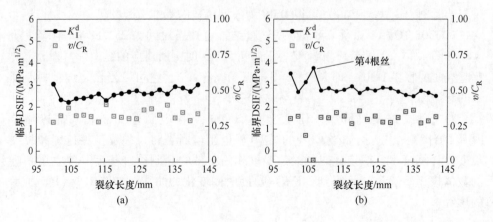

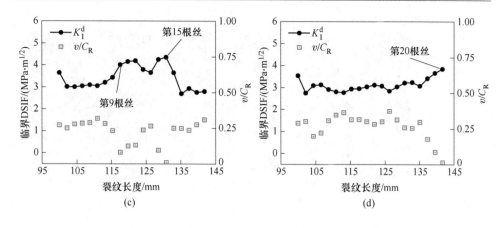

图 4.15 临界 DSIF 和 $\dfrac{v}{C_R}$ 与裂纹长度的关系曲线

(a) 0° TOCAB 试件；(b) 60° TOCAB 试件；(c) 90° TOCAB 试件；(d) 120° TOCAB 试件

由图 4.15 可以看出，四种试件在起裂和止裂时刻的临界 DSIF 均高于扩展过程中的临界 DSIF。这是因为 DSIF 随着裂纹扩展速度的增加而减小。由式 (2.18) 可知，当裂纹扩展速度 v 达到瑞雷波波速时，DSIF 为零。在止裂点，即图 4.15(b) 中的第 4 根丝、图 4.15(c) 中的第 15 根丝和图 4.15(d) 中的第 20 根丝，临界 DSIF 略大于裂纹起始点。这是因为 SIF 与裂纹长度有关，SIF 一般随裂纹长度的增加而增大。因此，随着裂纹长度的增加，止裂时刻的 DSIF 大于起始时刻的 DSIF。

4.5 应力波在试件中的传播

在经典的 SHPB 测试中，通常假设试样的两端受到平衡力作用，即试样内部的应力或应变是均匀分布的。但是，实际上材料总是经受单向传播的应力波，而很少受到两侧的平衡应力波的影响，例如单向传播的爆炸引起的应力波或冲击引起的应力波。实际上，随着压应力波的传播，它将引起压缩应力，可将其写为 $\sigma = \rho c u_p$，式中 ρ 是密度，c 是波速，u_p 是粒子速度。在这种压缩应力作用下，在试样两端达到应力平衡前材料就可能会失效或损坏。

图 4.16 中的数值模拟结果表明，当压应力波穿过裂纹并刚好到达试件底部（在 273.6 μs）时，裂纹就开始萌生了（见图 4.16），此时试件两端的应力并未达到平衡。

在这项研究中，通过 ABAQUS 程序中的 J 积分方法计算出裂纹的 SIF，并通过试验-数值方法确定了临界 DSIF 或断裂韧度，该方法已广泛应用于相关研究中。

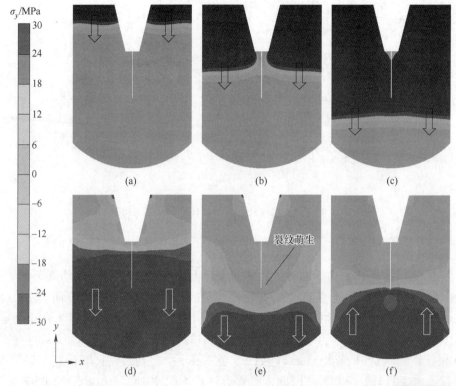

图 4.16 应力波传播通过试件引起的 y 方向应力 σ_y 云图
(a) $t=37.6\ \mu s$;(b) $t=90.8\ \mu s$;(c) $t=169.3\ \mu s$;
(d) $t=221.6\ \mu s$;(e) $t=273.6\ \mu s$;(f) $t=290.3\ \mu s$

彩图

4.6 本章小结

在本章中,为了研究动态裂纹止裂,基于应力波反射止裂思想,改变试件底部形状后,提出了一种带圆弧形底边的梯形开口边裂纹(TOCAB)构型试件。采用 TOCAB 试件在落锤冲击装置下进行试验,同时使用 AUTODYN 软件进行数值研究,并采用 ABAQUS 软件结合试验-数值方法计算裂纹 DSIF。通过以上试验研究和数值分析,可以得到以下结论:

(1) 本章中弧度为 60°、90°和 120°的三种圆弧底试件都可实现对运动裂纹的止裂作用,其止裂机理在于,从试件的圆弧底部与透射杆之间产生的反射压缩波,在裂纹尖端前部形成的压缩应力水平分量抑制了运动裂纹的扩展。如果需要早期止裂可采用 60° TOCAB 试件,如果需要后期止裂可采用 120° TOCAB 试件。

(2) 数值计算中得到的裂纹扩展路径与试验结果基本一致,验证了数值模型的有效性。在 150～350 GPa/s 内，加载率对裂纹扩展长度的影响较小，表明水平压应力对裂纹扩展的抑制作用显著。

（3）平底试件的平均裂纹扩展速度比圆弧底试件快得多。在 CPG 覆盖范围内裂纹扩展速度的数值计算结果略大于试验结果，这是由于试验材料的不均匀性要大于数值模拟时假设的均质材料。

（4）在裂纹扩展路径上，在裂纹扩展初期，60° TOCAB 试件受到的最大水平压应力最大；在裂纹扩展后期，120° TOCAB 试件受到的最大水平压应力最大。这是由于圆弧底部与透射杆相互作用引起的反射压缩应力波，在 60° TOCAB 试件中能够达到预制裂纹尖端，而在 120° TOCAB 试件的下部压缩应力波的水平分量最大。

（5）起裂和止裂时的临界 DSIF 均大于扩展过程中临界 DSIF，并且由于应力强度因子随裂纹长度的增加而增大，因此在止裂时刻的临界应力强度因子高于起裂时的临界应力强度因子。

5 双止裂孔对运动裂纹的止裂

5.1 引　言

关于运动裂纹止裂技术的研究具有重要的工程意义，该技术可用于阻止已有裂纹继续扩展，从而保护一些重要的工程结构，例如管道、轮船和核反应堆等大型结构，以免它们遭到进一步破坏。近年来，在金属材料和玻璃材料中，在扩展裂纹前端使用止裂孔法的裂纹阻止方法已经得到较多应用，但是，在动态荷载作用下止裂孔对运动裂纹的止裂机制仍不十分清楚，仍然存在一些未解决或部分未解决的问题。例如，动态裂纹在接近止裂孔时如何相互作用？止裂孔如何影响运动裂纹扩展？在什么条件下运动裂缝会完全停止？在什么条件下运动裂纹会分叉成与止裂孔相连的次生裂纹？

在金属结构中利用止裂孔对移动裂纹止裂的方法已经得到应用，该方法操作简单，技术成本低，能够阻碍甚至阻止结构中疲劳裂纹的持续扩展。其原理是在裂纹尖端或附近开一个孔，将裂纹尖端转变为一个缺口，从而减弱裂纹尖端的应力集中效应。Željko 通过试验研究了普通止裂孔、冷扩孔和插入螺栓对疲劳裂纹的修复效果。Naned 等人指出钻止裂孔的方法是所有方法中最经济、最方便的方法。Ghfiri 等人提出了一种估算冷扩孔后疲劳裂纹重生周期的方法。Song 等人研究了裂纹钻孔工艺如何提高铝和不锈钢试样的裂纹初始寿命和总体疲劳寿命。钻孔的目的是使裂纹尖端变钝，降低裂纹尖端的应力集中，研究人员已经提出了几种不同的止裂方法。

研究者们对岩石、聚甲基丙烯酸甲酯（PMMA）和混凝土材料中预先存在的孔洞对裂纹行为的影响进行了一些相关研究。Li 等人研究了内部存在孔洞的大理岩在霍普金森压杆（SHPB）冲击作用下的裂纹动力学行为。Zhu 等人对包含两个止裂孔和一个裂缝的砂岩进行了室内单轴压缩试验。Yang 等人采用 PMMA 三点弯曲试样研究了 I 型运动裂纹与圆孔的相互作用机理，结果表明，随着运动裂纹向孔洞扩展，孔洞严重影响了裂纹扩展速度和动态应力强度因子。Hu 等人对含孔洞缺陷的混凝土试件进行了楔入劈裂试验。然而，上述研究仅集中于孔洞对裂纹行为或材料强度的影响，而没有涉及或解释孔洞对运动裂纹的止裂作用机制。

近年来，在爆炸荷载下，圆孔对移动裂缝的止裂作用有了一些研究。李萌等人在岩石试件的裂纹扩展路径上预先设置了两个圆孔，试验结果表明双圆孔对爆炸波引起的运动裂纹有抑制作用。杨仁树等人利用三点弯曲梁试件研究了Ⅰ型运动裂纹与圆孔缺陷的相互作用机理，结果表明圆孔对裂纹扩展速度和裂纹的应力强度因子有抑制作用。然而，冲击荷载作用下脆性材料中孔洞对运动裂纹的止裂机制少有研究。

为了研究冲击荷载下运动裂纹与两个止裂孔之间的止裂机制，基于反射压应力波止裂的思想，在试件中部设置了两个直径25 mm圆形孔，提出了一种带有两个止裂孔的大尺寸半圆形边裂纹的构型试件（large semicircular edge crack with two arrest-hole，LSECTH），并采用LSECTH混凝土试件进行了落锤冲击试验。利用基于有限差分法的 AUTODYN 软件对混凝土试件进行了数值模拟研究。AUTODYN 程序已被广泛用于研究动态荷载下的材料响应，它适用于模拟本章中的动态裂纹扩展行为。

5.2 试验材料和试件准备

在这项试验研究中，基于落锤冲击装置和LSECTH试件实施了冲击试验，如图5.1所示，给出了试件构型的尺寸和几何形状。

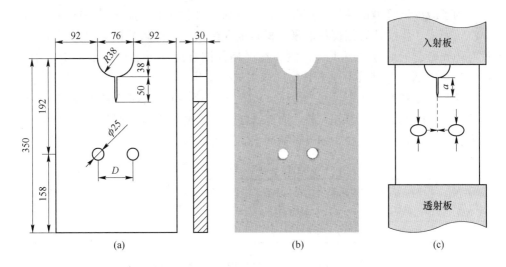

图 5.1 LSECTH 试件的几何尺寸和加载（单位：mm）
(a) LSECTH 试件；(b) LSECTH 试件的图片；(c) 加载和变形

当LSECTH试件受到垂直冲击作用时，压应力波进入试件向下传播，两个止裂孔将受到竖向压缩，从而产生如图5.1(c)所示的椭圆形变形，这将引起水平压应力从而限制竖向运动裂纹的扩展。另外，竖向运动裂纹可能会分叉成子裂纹并与一个或两个止裂孔连接，从而导致裂纹停止扩展或减缓裂纹扩展长度。因此，这两个止裂孔对竖向裂纹扩展形成抑制或阻止作用。

5.2.1 试验材料准备

混凝土结构常常遭受到外加动态荷载，因此，混凝土材料已被广泛用于脆性材料对动态载荷的响应研究中。本试验中，选择广安商品混凝土公司提供的细骨料混凝土材料作为模型试验材料。商品细骨料混凝土具有搅拌均匀，强度稳定的特性，适合于试验研究。每立方米细骨料混凝土包含了 430 kg 水泥、300 kg 水、1300 kg 砂、50 kg 粉煤灰和 6.45 kg 减水剂。水泥采用的是普通硅酸盐水泥 P.O 42.5R。砂为本地细河砂，河砂分级见表 5.1，砂的细度模量为 2.57，粉煤灰材料为当地电厂的 II 级粉煤灰，水采用自来水。

表 5.1 LSECTH 试样制备中使用的河砂分级

筛孔尺寸/mm	>4.75	2.36	1.18	0.6	0.3	0.15	<0.075
每次筛余物的百分比/%	5.75	14.86	12.76	15.36	22.56	25.28	3.43
累计筛分百分比/%	5.75	20.61	33.37	48.73	71.29	96.57	100

5.2.2 试验试件制备

为了减少试验测试结果的离散性，所有细骨料混凝土试件均严格按照统一程序浇筑而成。将搅拌后细骨料混凝土材料倒入模板中，在高频振动台上振动，在没有阳光直射的地方放置 1 天，然后在严格控制温度和湿度的标准养护室中养护。30~40 天后，将样品从养护室中取出进行试验。

同时，还制备了 8 个尺寸为 15 cm × 15 cm × 15 cm 的标准立方体试样和 6 个尺寸为 15 cm × 15 cm × 30 cm 的六面体试样，用于测量细骨料混凝土的波速、抗压强度、弹性模量和密度。细骨料混凝土材料力学参数见表 5.2。

表 5.2 细骨料混凝土材料的力学参数

弹性模量 E_d/GPa	泊松比 μ	密度 ρ /(kg·m^{-3})	抗压强度 f_c/MPa	p 波波速 C_p/(m·s^{-1})	剪切波波速 C_s/(m·s^{-1})	瑞雷波波速 C_R/(m·s^{-1})
28.10	0.22	2.213	36.2	3807.5	2281.3	2080.8

在试验中使用的试件材料来自同一批次的细骨料混凝土材料，且每种试件构型分别制作了五个试件，总共浇筑了 40 个试件。LSECTH 试件的几何尺寸如图 5.1 所示。试件的高度为 350 mm，宽度为 260 mm，上部半圆形直径为 76 mm，圆形孔的直径为 25 mm。从圆形孔中心到试件底部的距离为 158 mm，并且两个止裂圆孔相对于中心对称轴对称。预制裂缝尖端距顶部半圆形边缘的中点长度为 50 mm，宽度为 1.5 mm。两个止裂圆孔之间的间距 D 分别设计为 35 mm、40 mm、

45 mm、50 mm、55 mm、60 mm 和 70 mm 七种尺寸，还制作了一组无圆孔试件作为对照组。

试验中为了减少摩擦，在测试前对试件的上表面和下表面进行平滑打磨处理，并涂抹凡士林润滑剂，采用 0.2 mm 厚的钢刀片对裂纹尖端进行锐化处理。

5.3 动态荷载和裂纹扩展行为测试结果

在该试验研究中，使用了如图 2.5 所示的落锤式冲击装置。入射板和透射板的材料为 LY12CZ 铝合金。在试验中，将 20 mm 厚的黄铜波形整形器安装在入射板的顶部，以延长加载时间并减少高频振荡。为避免试件屈曲，采用两个钢板将 LSECTH 试件夹在中间同时利用四个长螺栓固定。由平行 Karma 铜敏感丝和玻璃布基材组成的裂纹扩展计（CPG）用于监测裂纹的起始时间和扩展时间，并计算相应裂纹的扩展速度。

采用不同双圆孔间距的 LSECTH 细骨料混凝土试件进行了冲击试验。试验中落锤板的高度统一设为 1.0 m（相应的冲击速度为 4.42 m/s）。

5.3.1 加载荷载的确定

在 4.42 m/s 的冲击荷载作用下，自入射板和透射板处测量获得的电压信号时程曲线如图 5.2 所示。通过 ORIGIN 软件将电压信号的干扰解耦后，信号被转换为应变，然后可以进一步转换为加载荷载。因此，施加于试件的顶部和底部的动态荷载 $P_i(t)$ 和 $P_t(t)$ 可通过式（5.1）表示。

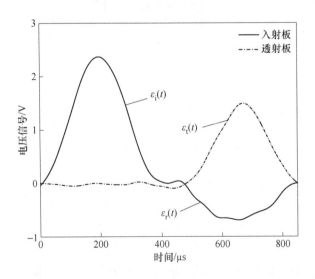

图 5.2 从入射板和透射板上的应变片记录的电压信号

$$\begin{cases} P_\text{i}(t) = E_\text{i} \dfrac{A_\text{i}}{A_\text{s}-A_\text{o}}(\varepsilon_\text{i}(t)+\varepsilon_\text{r}(t)) \\ P_\text{t}(t) = E_\text{t} \dfrac{A_\text{t}}{A_\text{s}}\varepsilon_\text{t}(t) \end{cases} \tag{5.1}$$

式中　下标 i,r,t,s——入射、反射、透射和试件；

　　　E——杨氏模量；

　　　ε——应变；

　　　A——横截面面积；

　　　A_o——试件上端开口区域面积。

LSECTH 细骨料混凝土试件在 4.42 m/s 冲击速度下的动态荷载曲线如图 5.3 所示，在以后的数值模拟中将其用作试件的荷载条件。

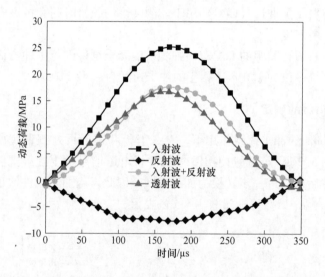

图 5.3　从入射板和透射板上的应变片获得的动态荷载与时间的关系曲线

5.3.2　CPG 的测试结果和裂纹扩展速度

本试验中测试所使用的 CPG 尺寸为 42 mm×10 mm，两条相邻丝栅之间的间距为 1.75 mm。CPG 粘贴于双圆孔之间区域的裂纹扩展路径上，如图 5.4 所示。当裂纹通过 CPG 扩展时，CPG 丝栅将逐根断裂，超动态应变仪记录的电压信号将相应地呈现阶梯式变化。对于具有不同两孔间距 D 的 LSECTH 试件，图 5.5 中给出了数据采集系统记录的 CPG 电压信号及其对时间的导数和相应的裂纹长度随时间变化曲线。从图 5.5 中可以看出，当双圆孔间距小于 60 mm 时，CPG 电压信号有很多平台段，说明双圆孔对运动裂纹有较强的抑制作用，而间距为 70 mm 的试件和无孔试件裂纹长度随时间几乎线性增加，说明此时双圆孔对裂纹的抑制作用很小或者没有抑制作用。根据电压信号对时间的导数的极值点可以确定 CPG 丝栅断裂时间,即是裂纹扩展到此处的时间。裂纹扩展速度可通过两根丝的间距除以两个相邻丝栅之间的断裂时间差得到,其计算结果如图 5.6 所示,图中阴影区域为双圆孔之间监测区域。

结果表明,随着双圆孔间距 D 的减小,当裂纹接近双圆孔时,裂纹扩展速度会降低甚至完全停止。当双圆孔间距 D 很大时,间距 D 对裂纹扩展速度的影响逐渐降低。对于没有两个止裂圆孔的试件,裂纹扩展速度在两个孔附近几乎没有任何变化。这表明,两个止裂孔对竖向裂纹的扩展具有明显的止裂功能。

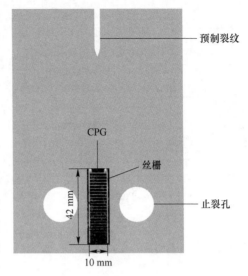

图 5.4 双止裂孔之间 CPG 示意图

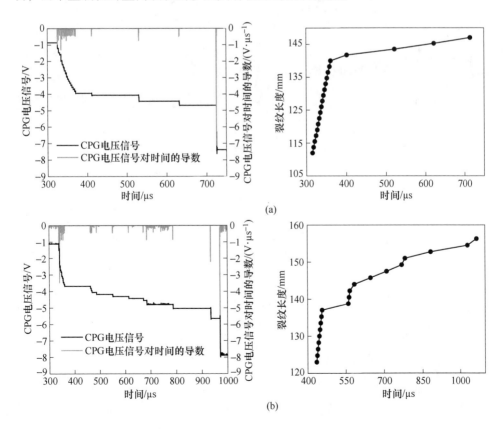

(a)

(b)

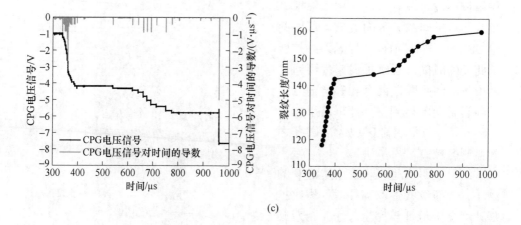

(c)

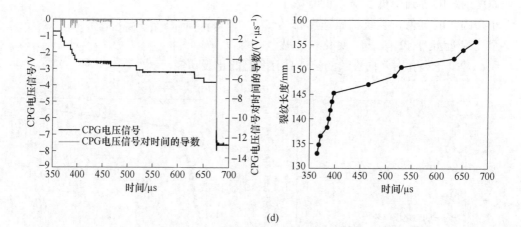

(d)

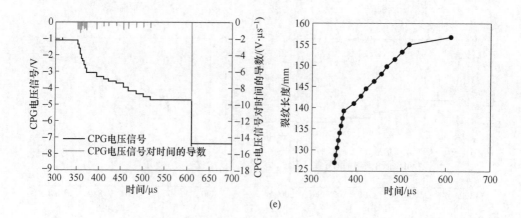

(e)

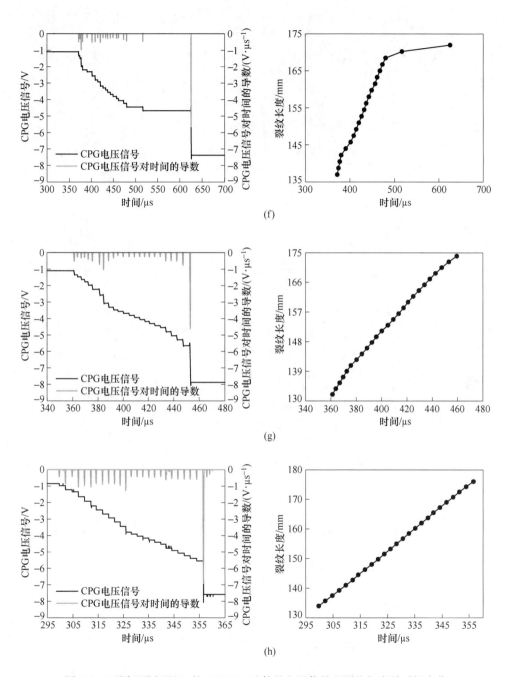

图 5.5 不同两孔间距 D 的 LSECTH 试件的电压信号和裂纹长度随时间变化

(a) $D=35$ mm;（b）$D=40$ mm;（c）$D=45$ mm;（d）$D=50$ mm;
(e) $D=55$ mm;（f）$D=60$ mm;（g）$D=70$ mm;（h）无孔试件

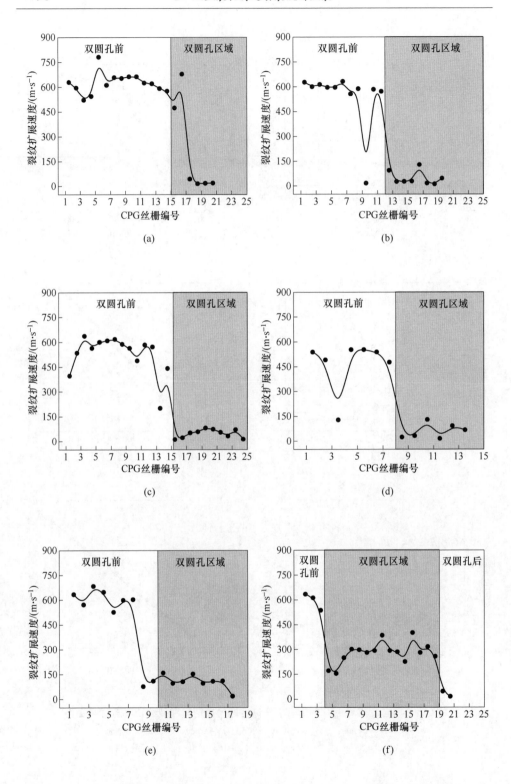

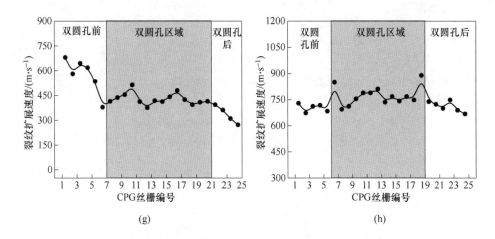

图 5.6 不同双孔间距 D 的 LSECTH 试件的裂纹扩展速度
（a）$D=35$ mm；（b）$D=40$ mm；（c）$D=45$ mm；（d）$D=50$ mm；
（e）$D=55$ mm；（f）$D=60$ mm；（g）$D=70$ mm；（h）无孔试件

5.3.3 裂纹扩展路径特性

图 5.7 为在相同的冲击速度下不同双孔间距 D 的 LSECTH 试件的裂纹扩展路径测试结果。在裂纹扩展初期阶段，裂纹路径几乎是一条垂直直线，这意味着 I 型断裂在动态裂纹扩展中起主导作用。当运动裂纹接近两个双圆孔时，裂纹的扩展路径随两个止裂孔间距 D 的变化而变化。当 $D=35$ mm 时，主裂纹分叉成两个子裂纹，并与两个孔相连。当 $D=40$ mm 和 $D=45$ mm 时，主裂纹偏转并连接到一边的止裂孔。当 $D=50$ mm 时，主裂纹的扩展停止于两个止裂孔之间，并且没有与止裂孔连接。在间距为 $D=55$ mm 的试件中也观察到了相似的结果。

对于 $D=60$ mm 和 $D=70$ mm 的试件，主裂纹穿过双圆孔之间的区域并最终停止在双圆孔的下方位置，但是对于 $D=70$ mm 的试件，主裂纹路径长度延伸得更长。

对于没有双圆孔的试件，主裂纹扩展到试件的底部。值得注意的是，主裂纹未完全沿着对称轴扩展，这可能是由于细骨料混凝土材料的不均匀性影响了裂纹的传播路径。

根据以上对动态裂纹与双止裂孔相互作用机制分析，可以得出结论，当双圆孔间距 D 较小时，即所研究的间距 $D \leqslant 45$ mm 时，主裂纹可能会分叉为两个子裂纹并连接两个止裂孔或偏转并连接到一个止裂孔；当间距 $D>50$ mm 时，扩展中的主裂纹在两个止裂孔之间停止，或者通过两个止裂孔之间区域，并且主裂纹扩展长度随两个止裂孔间距 D 的增加而增大。

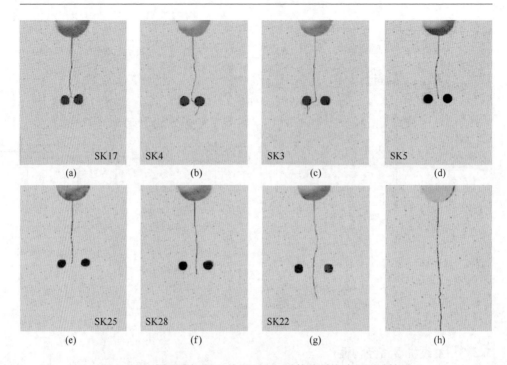

图 5.7 不同双孔间距 D 的 LSECTH 试件的裂纹路径测试结果
(a) $D = 35$ mm; (b) $D = 40$ mm; (c) $D = 45$ mm; (d) $D = 50$ mm;
(e) $D = 55$ mm; (f) $D = 60$ mm; (g) $D = 70$ mm; (h) 无孔试件

在这项试验研究中,总共成功测试了 24 个 LSECTH 试件并记录了测试数据。图 5.8 为主裂纹扩展长度与两孔间距 D 的关系图。对于没有止裂孔的试件,裂纹

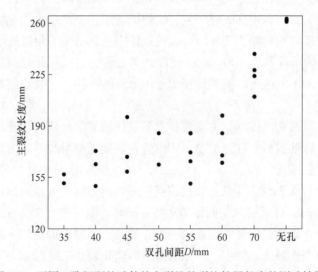

图 5.8 不同双孔间距的试件的主裂纹的裂纹扩展长度的测试结果

扩展到试件的底部,并且裂纹扩展长度最大。当两孔间距 $D=35$ mm 时,裂纹扩展长度最短,而两孔间距 D 为 $45\sim60$ mm,裂纹扩展长度略有变化。

5.4 裂纹扩展路径及裂纹分叉机理数值分析

为了进一步研究两个止裂孔对移动裂纹的止裂机理和裂纹分叉机理,采用有限差分软件 AUTODYN 进行了数值模拟研究,它适用于动态载荷下脆性材料的动态问题研究。

5.4.1 数值模型网格划分

在数值研究中,对整个试验系统进行了数值建模,包括入射板、LSECTH 细骨料混凝土试样、透射板和混凝土减震器。在混凝土减震器的底部,采用了非反射边界,即透射边界,该边界可以传递应力波而且没有反射。为了有效地传输应力波,试件与入射板和透射板之间的设置与 3.4.1 节一致,试件两侧边设置为自由边界。荷载加载方式也与 3.4.1 节的设置一致。

数值模型通过使用非结构化四边形单元进行网格划分(见图 5.9),并且对裂纹尖端、裂纹扩展路径和两孔区域的网格进行了加密处理。最小单元尺寸为 0.5 mm,试件的单元总数为 178734 个。预制裂缝的宽度和长度分别为 1.5 mm 和 50 mm。

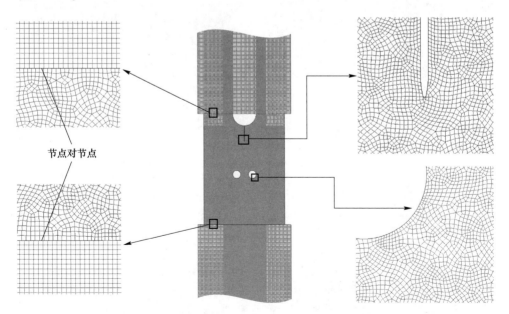

图 5.9 冲击加载装置的非结构四边形网格划分示意图

采用0.5 mm、1.0 mm、1.5 mm和2.0 mm的网格尺寸检查了网格依赖性，计算结果表明，当网格尺寸小于1.5 mm时，结果没有明显变化，这意味着网格尺寸足够小，可以满足计算精度要求。

5.4.2 材料模型

细骨料混凝土是一种脆性材料，在落锤冲击试验中，加载速率较低，压力和变形相对较小。在这种情况下，细骨料混凝土材料使用线性状态方程。入射板和透射板的材料采用材料库中的LY12CZ铝合金。

采用最大主应力破坏准则结合拉伸软化损伤破坏模型描述细骨料混凝土材料的断裂行为。细骨料混凝土的动力学参数是采用巴西圆盘试样通过SHPB冲击试验获得的，此处动态剪切强度和拉伸强度分别为78.2 MPa和33 MPa。

5.4.3 裂纹路径的模拟结果和测试结果

图5.10分别给出了四个两孔间距35 mm、45 mm、50 mm和70 mm的细骨料混凝土LSECTH试件的裂纹路径的数值模拟结果和最大主应力云图。在250.3 μs时，所有试件的裂纹都开始萌生，然后它们沿轴线向下扩展，因此，I型断裂在裂纹扩展中起主导作用。冲击试验结果和裂纹扩展路径的数值结果基本上是一致的，同时验证了有限差分数值模型的有效性。

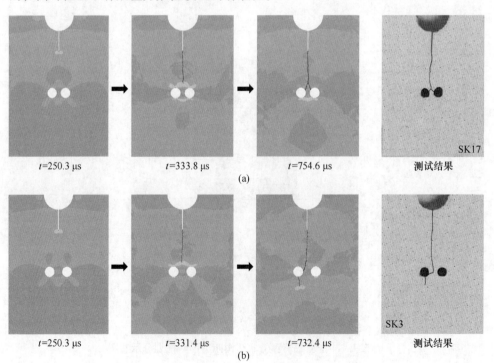

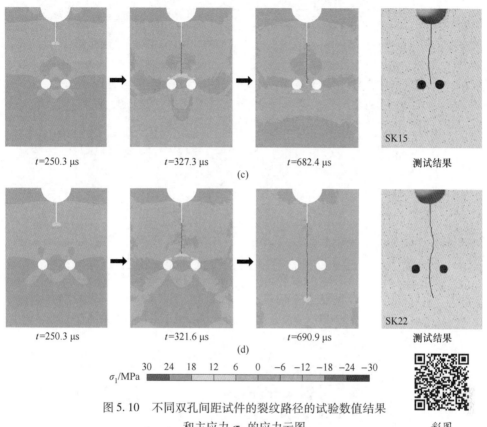

图 5.10 不同双孔间距试件的裂纹路径的试验数值结果和主应力 σ_1 的应力云图

(a) $D=35$ mm;(b) $D=45$ mm;(c) $D=50$ mm;(d) $D=70$ mm

5.4.4 裂纹路径上的水平压应力

试验结果和数值结果均表明,两个止裂孔对扩展裂纹有止裂作用。随着两个止裂孔间距 D 的减小,止裂作用会增强,这可能是由于两个止裂孔之间的压缩应力引起的。为了证实这一假设,在两个止裂孔之间中点设计了一个监测点。对于具有不同间距 D 的试件,获得了不同双孔间距试件的监测点的最大水平压应力 σ_x。

图 5.11 中的计算结果表明,随着间距 D 的减小,最大压缩应力 σ_x 增大。此处的压缩应力 σ_x 是在压缩波作用下双止裂孔从圆形到椭圆形变化引起的压缩变形产生的,如图 5.11 所示。

沿着动态裂纹扩展路径,设计了许多监测点,两个相邻监测点之间的距离为 1.5 mm。最大水平压应力 σ_x 与到裂纹尖端的距离之间的关系如图 5.12 所示。可以看出,应力波在试件中传播的过程中,两个止裂孔之间区域的压缩应力 σ_x(距

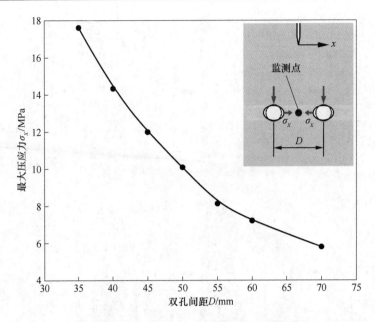

图 5.11 冲击荷载下最大水平压应力 σ_x 与双止裂孔间距 D 的关系

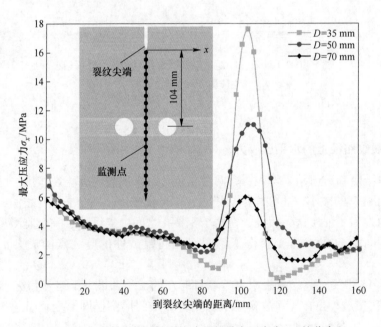

图 5.12 冲击荷载下沿裂纹路径的最大压应力 σ_x 的分布

裂纹尖端 104 mm 附近区域）比其他监测点处的压应力大得多。当间距 D 为 35 mm 时，两个孔之间的最大压缩应力 σ_x 为 17.614 MPa，而当 D 为 70 mm 时，监测点的最大压缩应力为 5.977 MPa。这意味着随着双孔间距 D 增加一倍,两个孔之间的最大压缩应力减小了 11.637 MPa。

双孔间距为 $D=50$ mm 的 LSECTH 试件的水平压应力的应力云图如图 5.13 所示。在时间 $t=250.3$ μs 时,裂纹尖端承受较大的水平方向拉伸应力,从而裂纹开始起裂。在 $t=323.3$ μs 时,运动裂纹接近两个止裂孔,并且在两个止裂孔之间产生了很大的水平压缩应力,这将抑制裂纹扩展。在 $t=371.6$ μs 时,主裂纹的扩展速度显著降低,最终裂纹在两个止裂孔之间完全停止。这表明双圆孔之间的水平压应力可以在阻止裂纹扩展方面发挥重要作用。

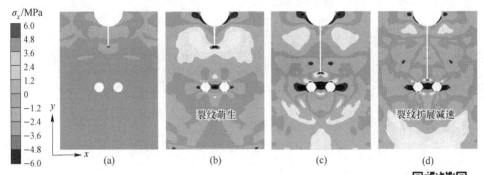

图 5.13 裂纹扩展过程中水平应力 σ_x 的应力云图
(a) $t=181.3$ μs;(b) $t=250.3$ μs;(c) $t=323.3$ μs;(d) $t=371.6$ μs

彩图

5.4.5 裂纹尖端的环向应力分析

首先介绍最大环向张力应力强度因子理论,在承受均匀载荷的无限板中包含模式 Ⅰ 和模式 Ⅱ 复杂中心裂纹,根据线性弹性断裂力学,在裂纹尖端位置的应力分量可以根据式(1.1)和式(1.3)写成以下形式:

$$\sigma_x = \frac{K_{\mathrm{I}}}{\sqrt{2\pi r}}\cos\frac{\theta}{2}\left(1-\sin\frac{\theta}{2}\sin\frac{3\theta}{2}\right) - \frac{K_{\mathrm{II}}}{\sqrt{2\pi r}}\sin\frac{\theta}{2}\left(2+\cos\frac{\theta}{2}\cos\frac{3\theta}{2}\right) \quad (5.2\mathrm{a})$$

$$\sigma_y = \frac{K_{\mathrm{I}}}{\sqrt{2\pi r}}\cos\frac{\theta}{2}\left(1+\sin\frac{\theta}{2}\sin\frac{3\theta}{2}\right) + \frac{K_{\mathrm{II}}}{\sqrt{2\pi r}}\sin\frac{\theta}{2}\cos\frac{\theta}{2}\cos\frac{3\theta}{2} \quad (5.2\mathrm{b})$$

$$\sigma_z = \begin{cases} 0 & \text{平面应力} \\ 2v\dfrac{K_{\mathrm{I}}}{\sqrt{2\pi r}}\cos\dfrac{\theta}{2} - 2v\dfrac{K_{\mathrm{II}}}{\sqrt{2\pi r}}\sin\dfrac{\theta}{2} & \text{平面应变} \end{cases} \quad (5.2\mathrm{c})$$

$$\tau_{xy} = \frac{K_{\mathrm{I}}}{\sqrt{2\pi r}}\cos\frac{\theta}{2}\sin\frac{\theta}{2}\cos\frac{3\theta}{2} + \frac{K_{\mathrm{II}}}{\sqrt{2\pi r}}\cos\frac{\theta}{2}\left(1-\sin\frac{\theta}{2}\sin\frac{3\theta}{2}\right) \quad (5.2\mathrm{d})$$

式中,K_{I} 和 K_{II} 分别为模式 Ⅰ 和模式 Ⅱ 的应力强度因子。

通过坐标变换，将直角坐标系中的上述应力转换为极坐标系中的环向应力，见式（5.3）：

$$\sigma_\theta = \frac{1}{\sqrt{2\pi r}} \cos\frac{\theta}{2} \left[\frac{K_\mathrm{I}}{2}(1+\cos\theta) - \frac{3K_\mathrm{II}}{2}\sin\theta \right] \quad (5.3)$$

式中，(r,θ) 是以裂纹尖端作为原始点的局部极坐标系统，如图 5.14 所示。

在最大环向拉伸应力强度因子理论中，基本假设为：

（1）裂纹向环向拉伸应力强度因子最大值的方向扩展，且垂直于最大环向拉伸应力的方向；

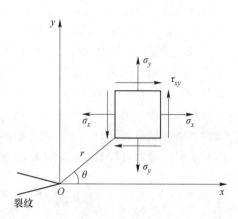

图 5.14　平面问题的应力分量

（2）当最大环向拉伸应力强度因子达到临界值时，裂纹不稳定扩展。

环向拉伸应力强度因子 K_θ 可以表示为以下形式：

$$K_\theta = \lim_{r\to 0} \sqrt{2\pi r}\,\sigma_\theta = \cos\frac{\theta}{2}\left[\frac{K_\mathrm{I}}{2}(1+\cos\theta) - \frac{3K_\mathrm{II}}{2}\sin\theta\right] \quad (5.4)$$

因此，式（5.3）可以重写为：

$$\sigma_\theta = \frac{K_\theta}{\sqrt{2\pi r}} \quad (5.5)$$

根据基本假设（1），可以通过满足式（5.4）的最大值条件来确定裂纹扩展角 θ，则有：

$$\left.\frac{\partial K_\theta}{\partial \theta}\right|_{\theta=\theta_0} = 0, \quad \left.\frac{\partial^2 K_\theta}{\partial \theta^2}\right|_{\theta=\theta_0} < 0 \quad (5.6)$$

然后可以获得：

$$\begin{cases} K_\mathrm{I}\sin\theta_0 - K_\mathrm{II}(3\cos\theta_0 - 1) = 0 \\ K_\mathrm{I}\cos\dfrac{\theta_0}{2}(1-3\cos\theta_0) + K_\mathrm{II}\sin\dfrac{\theta_0}{2}(9\cos\theta_0 + 5) < 0 \end{cases} \quad (5.7)$$

结合式（5.7）中的两个方程可以确定裂纹扩展角 θ_0。

根据基本假设（2），裂纹断裂判据为：

$$K_{\theta\max} = \cos\frac{\theta_0}{2}\left(K_\mathrm{I}\cos^2\frac{\theta_0}{2} - \frac{3K_\mathrm{II}}{2}\sin\theta_0\right) = K_{\theta C} \quad (5.8)$$

临界值 $K_{\theta C}$ 是材料的断裂韧度，这是最大环向张拉应力强度因子的断裂准则。

根据以上公式推导和 Erdogan 和 Sih 的理论，最大拉伸应力准则已被大量用于确定裂纹扩展角和相应的临界环向应力，该准则也表明裂纹将沿环向拉应力最

大值方向扩展。此处的计算采用 AUTODYN 程序中数值仿真单元的主应力和剪切应力来计算,因此它可以表示为:

$$\frac{\partial \sigma_\theta}{\partial \theta} = 0, \quad \frac{\partial^2 \sigma_\theta}{\partial \theta^2} < 0 \tag{5.9}$$

当 $\theta = \theta_0$ 时,
$$\sigma_{\theta C} = \frac{K_{IC}}{\sqrt{2\pi r_0}}$$

式中　θ_0 ——裂纹扩展角;
　　　σ_θ ——环向应力;
　　　$\sigma_{\theta C}$ ——临界环向应力;
　　　K_{IC} —— I 型裂纹的断裂韧度。

为了研究动态裂纹分叉的机理,以扩展中的竖向裂纹尖端为圆心,竖向裂纹法线方向为对称轴,以直径 2.0 mm 做半圆,计算该半圆上最大环向拉伸应力。由于整个单元的应力状态是相同的,故定义了单元中心的拉伸应力为每个单元的环向应力,计算后采用插值法进行数据补充。图 5.15 为当双孔间距为 35 mm、45 mm 和 70 mm 时试件裂纹尖端的环向应力的计算结果。

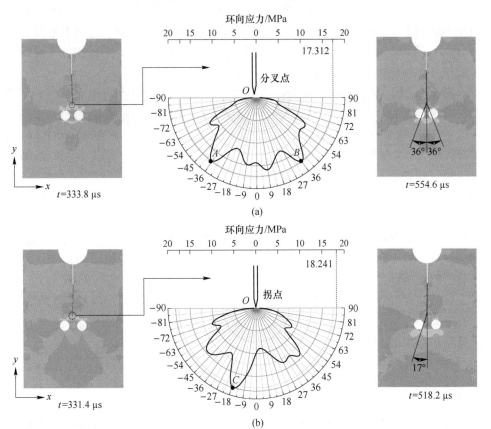

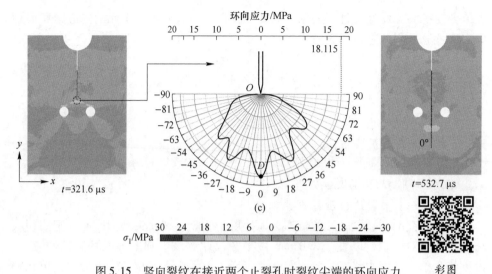

图 5.15 竖向裂纹在接近两个止裂孔时裂纹尖端的环向应力
(a) $D=35$ mm; (b) $D=45$ mm; (c) $D=70$ mm

当双孔间距 $D=35$ mm 时，在 333.8 μs 时刻，即裂纹分叉之前，半圆上的环向应力如图 5.15(a) 所示。点 A 处的环向应力 $\sigma_{\theta A}$ 为 17.182 MPa，点 B 处环向应力 $\sigma_{\theta B}$ 为 17.312 MPa。两者都是环向应力半圆上的极值，因此主裂纹分叉成两个子裂纹并连接至两个止裂孔。

图 5.15(b) 显示了在裂纹偏转之前的 331.4 μs 时刻双孔间距 $D=45$ mm 的试件的半圆上的环向应力。半圆上的环向应力 $\sigma_{\theta C}$ 最大值与垂直裂纹的夹角约为 17°，与试验结果基本一致。对于两孔间距 $D=70$ mm 的试件，在 321.6 μs 时刻的环向应力 $\sigma_{\theta D}$ 在半圆上最大，如图 5.15(c) 所示。D 点位于垂直裂纹扩展路径上，裂纹扩展方向与测试结果一致。

根据环向应力的数值分析，说明不同双孔间距对裂纹扩展路径影响不同，当双孔间距为 35 mm 时，裂纹朝环向拉伸应力最大值方向运动，分叉成了两个子裂纹随后停止于圆孔内壁，从而双圆孔对主裂纹形成止裂效果。当双圆孔间距为 45 mm 时，裂纹朝与垂直方向成 17°夹角的最大环向拉伸应力值方向运动，最后止裂于圆孔内壁，进而达到双圆孔对裂纹的止裂作用。当双圆孔间距为 70 mm 时，裂纹朝垂直方向上的最大环向拉伸应力值方向运动，故而裂纹一直扩展至双圆孔下方，说明在双孔间距大于等于 70 mm 时，双圆孔对移动裂纹止裂作用减小或没有止裂作用。

5.5 本章小结

为了研究动态裂纹止裂机制，基于反射应力波止裂的思想，在试件中部设置了两个直径为 25 mm 的圆形孔，提出了一种新的带有两个止裂孔的大尺寸半圆形边缘裂纹的试件(LSECTH 试件)。在落锤冲击设备下对具有不同两孔间距（35 mm、40 mm、45 mm、50 mm、55 mm、60 mm、70 mm）的 LSECTH 试件进行了冲击试验，研究了脆性材料中运动裂纹遇到双圆形孔时裂纹的动态行为，并采用 AUTODYN 软件进行数值模拟研究，并得到以下结论：

（1）提出的大尺寸 LSECTH 试件适合用于研究在脆性材料中运动裂纹遭遇圆形孔时的裂纹扩展行为和止裂机理。

（2）双圆孔对动态裂纹的止裂机制在于，在压缩应力波作用下，两个止裂孔的形状从圆形变为椭圆形时会在双孔之间区域产生较大的压缩应力，该压缩应力对竖向运动裂纹具有抑制作用。

（3）随着两个孔间距的减小，两个止裂孔之间区域的压缩应力增大，双圆孔对运动裂纹的止裂效果也更加显著。

（4）动态裂纹接近双止裂孔时，裂纹速度迅速降低甚至停止扩展，随双孔间距增加，裂纹长度增大。

（5）当两个止裂孔间距 D 较小时，主裂纹可分叉成两个子裂纹，并可能连接两个止裂孔或偏转并与一个止裂孔相连；当 D 较大时，主裂纹可能被完全阻止或穿过双孔之间区域，并且扩展的长度随两孔间距 D 的增加而增加。

（6）根据最大拉伸应力准则可分析裂纹分叉机制，动态裂纹朝环向应力最大值方向扩展。

6 同时测量纯Ⅰ型和纯Ⅱ型裂纹起裂韧度的方法

6.1 引 言

冲击荷载下,在前面几章提出的 SECVB 试件、TOCAB 试件和 LSECTH 试件的动态裂纹扩展和裂纹止裂机制研究中,动态断裂参数的准确性是非常重要的。根据所施加的应力条件,在实际工程中拉剪裂纹往往占据大多数情况。因此,近年来纯拉伸和纯剪切裂纹的断裂参数的研究已成为理解裂纹扩展和裂纹止裂机制的研究热点之一。

在以往的研究中,学者们通常在一个试件中只测试纯Ⅰ型裂纹或纯Ⅱ型裂纹的扩展规律和起裂韧度,然而试验材料是不均匀的,由于加载条件的差异和试验材料的差异,不同试件测试得到的结果都不能准确确定同一材料的纯Ⅰ型裂纹或纯Ⅱ型裂纹的断裂参数,所以在同一试件中同时测量纯Ⅰ型裂纹和纯Ⅱ型裂纹的起裂韧度可以更加准确确定该材料的断裂参数,从而为工程设计和评估维修等提供指导。因此,本章提出了一种大尺寸双裂纹凹凸板(double-cracked concave-convex plate,DCCP)试件构型,用于同时测量纯拉伸裂纹和纯剪切裂纹的起裂韧度。

脆性材料断裂力学的一个基本特征是可以建立抗拉强度、裂纹几何形状和断裂韧度之间的关系。在断裂力学理论中,断裂韧度是描述材料抵抗裂纹扩展能力的最基本参数。对于混凝土或岩石等准脆性材料,在许多情况下,裂纹扩展是材料失效的主要因素。因此,断裂韧度的评价对于改善混凝土或岩石材料的动态断裂行为尤为重要。

研究人员采用不同的加载方法和试件构型研究了准脆性材料的纯拉伸裂纹和纯剪切裂纹起裂韧度。国际岩石力学学会(ISRM)提出了人字形弯曲梁(CBB)试件和短杆(SR)试件、半圆弯曲(SCB)试件和人字形缺口巴西圆盘(CCNBD)试件来确定Ⅰ型裂纹起裂韧度。Chang 等人使用无预制裂缝的巴西圆盘试样(BDT)来测量花岗岩和大理石的纯Ⅰ型裂纹起裂韧度。尽管对于Ⅱ型断裂试验没有一致公认的试件构型,但对于混凝土或岩石等脆性材料,测试中常常采用的试件构型包括轴对称冲击贯穿(APT)试件、非对称四点带缺口剪切(FPSN)试件、双边缺口抗压(DENC)试件、双剪(DS)试件、冲击剪切(PTS)试件和短梁抗压(SBC)试件。尽管研究人员使用了上述各种各样的试件构型来测试纯拉伸裂纹或纯剪切裂纹的起裂韧度,但几乎没有一种试件可以同时测量纯拉伸和纯剪切裂纹的起裂韧度。

先前的研究者常常采用分离式霍普金森压力杆（SHPB）试验装置对岩石或混凝土试样进行冲击断裂试验，研究裂纹在冲击荷载下的动态起裂韧性，但是，随着研究的深入，发现 SHPB 装置的入射杆和透射杆的尺寸范围较小，使其不适合研究本章提出的大尺寸试样。为了克服小尺寸试样边界产生的反射拉应力波对裂纹萌生和扩展的影响，开发了一种用于冲击试验的落锤冲击试验装置，该装置适用于本章的大尺寸试件。

本章基于大尺寸细骨料混凝土 DCCP 试样研究了在冲击荷载下同时测量纯拉伸和纯剪切裂纹的起裂韧度。采用落锤冲击装置对 DCCP 试样进行了冲击断裂试验，裂纹萌生时间和加载压力通过应变片可记录。将测试结果和断裂理论相结合，并使用 ABAQUS 软件计算了纯拉伸和纯剪切裂纹的起裂韧度，研究了随预制裂纹长度和加载率变化的纯拉伸裂纹和纯剪切裂纹的动态断裂韧度的变化规律。

6.2 模型试样及加载荷载

6.2.1 模型试样和材料准备

为了同时测量纯拉伸裂纹和纯剪切裂纹的起裂韧度，提出了一种大尺寸的双裂纹凹凸板（DCCP）试件构型，其几何形状如图 6.1 所示。该 DCCP 试件的宽度为 30 cm，高度为 44 cm，厚度为 3 cm。在 DCCP 试件的上部设置了两个对称

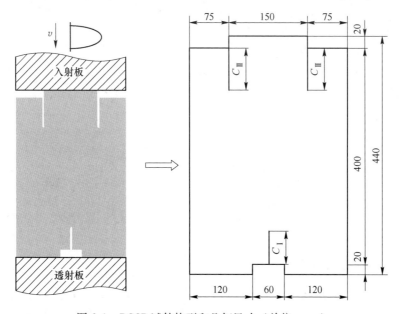

图 6.1 DCCP 试件构型和几何尺寸（单位：mm）

的预制裂缝，上部裂缝长度 C_{II} 为 60 mm，在试样底部开口的中央设置了一条裂缝，下部裂缝长度 C_I 设置了 5 种长度，分别为 20 mm、40 mm、60 mm、80 mm 和 100 mm。在本试验研究中，裂纹的宽度设计为 1.5 mm。

在本章中，选择细骨料混凝土作为模型材料来制作测试样品。细骨料混凝土具有选材简单，生产方便，易于浇筑成各种所需形状等优点。细骨料混凝土是将水、水泥、砂、粉煤灰和减水剂混合而成，混合比例为 300∶440∶1300∶50∶6.45。其中，砂子使用当地河砂，水泥使用普通硅酸盐水泥 P.O 42.5R，水使用自来水，粉煤灰采用本地电厂的二级粉煤灰。

从同一批搅拌的细骨料混凝土中浇筑了 35 个试件，并浇筑了 6 个圆柱形试样，6 个立方体试样和 6 个直径为 50 mm、厚度为 30 mm 的巴西圆盘试样，以便试验前测试材料的动态力学参数。利用直径 50 mm、厚度 100 mm 的圆柱形试样和超声波波速测试仪器 RSM-SY5(T) 采集细骨料混凝土材料的纵波波速 C_p 和剪切波波速 C_s。

动弹性模量 E_d、泊松比 μ_d 和瑞雷波波速 C_R 可以通过式(6.1)~式(6.3)确定：

$$E_d = \rho C_p^2 \frac{3T^2 - 4}{T^2 - 1} \tag{6.1}$$

$$\mu_d = \frac{T^2 - 2}{2(T^2 - 1)} \tag{6.2}$$

$$C_R = \frac{0.862 + 1.14\mu_d}{1 + \mu_d} C_s \tag{6.3}$$

式中 T——比例系数，$T = \dfrac{C_p}{C_s}$；

ρ——材料的密度。

将纵波波速和剪切波波速的测试结果代入式(6.1)~式(6.3)，瑞雷波波速 C_R 和动弹性模量 E_d、泊松比 μ_d 就很容易得到。动态抗拉强度 σ_{dt} 和动态剪切强度 τ_d 可由动态分离式霍普金森压杆（SHPB）试验获得，细骨料混凝土的力学参数见表 6.1。

表 6.1 细骨料混凝土的基本力学参数

密度 ρ /(kg·m^{-3})	动态张拉强度 σ_{dt}/MPa	动态剪切强度 τ_d/MPa	弹性模量 E_d/GPa	泊松比 μ_d	纵波波速 C_p/(m·s^{-1})	剪切波波速 C_s/(m·s^{-1})	瑞雷波波速 C_R/(m·s^{-1})
2218	27.6	63.48	28.16	0.2	3755.9	2300.1	2089.2

6.2.2 加载荷载的测量

本试验采用落锤板冲击试验装置，它根据 SHPB 装置原理设计而成，如图 2.5 所示。铝合金 LY12CZ 材料用于制造入射板和透射板，而钢铁则用于制造落锤板。在试验中,将试件放置在透射板和入射板之间,并使用两个高强度钢板夹住试件以防止试件屈曲。凡士林润滑剂涂在板和样品之间的接触表面上以减小摩擦。在测试过程中,落锤板从试验所需的高度下落,然后撞击到入射板的上表面,然后产生入射应力波,并向下传播通过试样。在压应力作用下,Ⅰ型和Ⅱ型裂纹将萌生并扩展。

在落锤冲击试验中,加载时间通常很短,只有几百微秒,本试验采用超动态应变仪记录被测电压信号。入射波、反射波和透射波的电压信号可以通过分别贴在入射板和透射板表面的应变片来采集。通过 ORIGIN 软件去噪后计算出应变。施加在试件两端的动态荷载可表示为:

$$\begin{cases} \sigma_{\text{top}}(t) = \dfrac{AE}{A_{\text{top}}}(\varepsilon_{\text{i}}(t) + \varepsilon_{\text{r}}(t)) \\ \sigma_{\text{bot}}(t) = \dfrac{AE}{A_{\text{bot}}}\varepsilon_{\text{t}}(t) \end{cases} \quad (6.4)$$

式中 $\sigma_{\text{top}}(t)$,$\sigma_{\text{bot}}(t)$——试件上下表面的加载荷载;

A_{bot},A_{top}——试件上下端面的横截面面积;

A——入射杆或透射杆的横截面面积;

E——弹性模量;

$\varepsilon_{\text{i}}(t)$,$\varepsilon_{\text{r}}(t)$,$\varepsilon_{\text{t}}(t)$——入射波、反射波和透射波的应变。

通过调整冲击板的高度,进行了不同加载率下的冲击试验。对于冲击速度为 6.0 m/s 的 DCCP 试件,其随时间变化的应力时程曲线如图 6.2 所示,通过 ORIGIN 软件对入射波曲线处理,得到试件顶部荷载的上升部分直线段的斜率为 285.7 GPa/s,称为加载率。

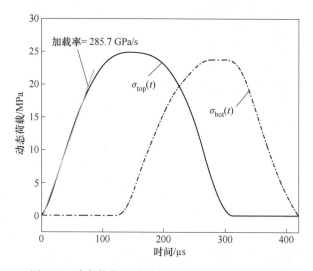

图 6.2 动态荷载随时间变化曲线和加载率的定义

6.3 裂纹尖端应力场及裂纹路径分析

6.3.1 动态数值模型

为了了解在冲击荷载下裂纹萌生时试件上下端裂纹尖端应力状态，使用 AUTODYN 软件进行了数值模拟，研究了裂纹动态扩展行为。数值模型中，冲击装置由非结构四边形单元网格化，试件由三角形单元网格化，并对裂纹扩展路径区域的网格进行加密处理，且网格单位最小尺寸设置为 0.5 mm。

由于网格单元尺寸可能会影响仿真结果，因此，本章设计了不同网格尺寸的数值模型。仿真结果表明，当网格数大于 120000 时，网格尺寸影响很小，网格尺寸依赖性很小。如图 6.3 所示，DCCP 试件的网格划分单元总数为 175360 个单元。在数值仿真中使用了表 6.1 中的力学参数。

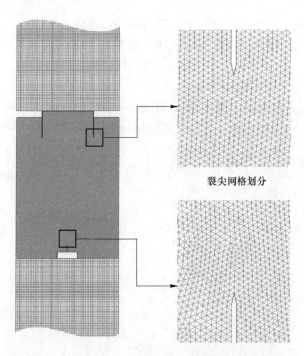

图 6.3 DCCP 试件及冲击设备的网格划分示意图

在数值模拟中，材料模型主要由状态方程、强度模型和失效模型三部分组成。由于在该冲击试验中压力和体积变形不是很大，因此采用线性状态方程和弹性强度模型。此外，采用 2.3.2 节给出的最大主应力破坏准则结合拉伸断裂软化损伤破坏模型来模拟材料的破坏状态。此处的材料动态抗拉强度和剪切强度分别为 27.6 MPa 和 63.48 MPa。

6.3.2 预制裂纹尖端应力

为了测试和分析裂尖附近的应力状态,在数值模型中,在试件的上端和下端的裂纹尖端分别布置了监测点 A 和监测点 B,这样就得到了裂纹尖端的应力时程曲线,如图 6.4 和图 6.5 所示。

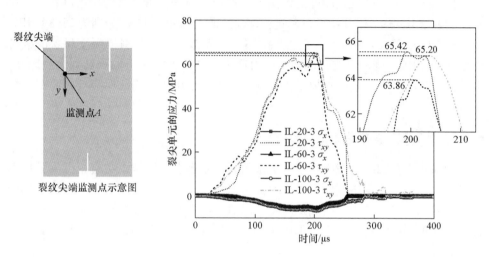

图 6.4 上部裂纹尖端处监测点 A 的剪切应力和拉应力

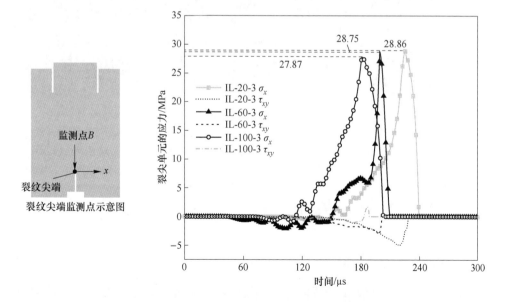

图 6.5 下部裂纹尖端处监测点 B 的拉应力和剪切应力

图 6.4 为上部裂纹尖端处的监测点 A 的应力时程曲线。对于试件 IL-20-3、IL-60-3 和 IL-100-3，最大剪切应力 τ_{xy} 分别为 65.42 MPa、63.86 MPa 和 65.20 MPa，并且所有这些剪切应力都大于细骨料混凝土剪切强度 63.48 MPa。同时，它们的拉伸应力比细骨料混凝土材料的拉伸强度小得多。因此，在裂纹萌生时，上部裂纹以剪切破坏为主，此时可以认为裂纹是Ⅱ型断裂裂纹。

图 6.5 为下部裂纹尖端处的监测点 B 的应力时程曲线。从图中可以看出，试件 IL-20-3、IL-60-3 和 IL-100-3 在起裂时刻的最大拉伸应力 σ_x 分别为 28.86 MPa、28.75 MPa 和 27.87 MPa。所有这些拉伸应力都超过了细骨料混凝土材料的抗拉强度 27.6 MPa。同时，它们的剪切应力远小于细骨料混凝土的剪切强度。因此，在裂纹萌生时，下部裂纹主要是以拉伸断裂为主，可以认为此时裂纹是Ⅰ型断裂裂纹。

6.3.3 预制裂纹尖端附近的裂纹路径

图 6.6 为在相同加载率下三个试件的裂纹路径在预制裂纹尖端附近的模拟和测试结果。从图 6.6 中可以看出，模拟结果总体上与试验结果一致。试件下部的裂纹扩展具有典型的Ⅰ型裂纹扩展特征。值得注意的是，在裂纹扩展过程中，试件上部的扩展裂纹在起裂之后不再是纯Ⅱ型裂纹，只是在裂纹萌生时具有Ⅱ型裂纹断裂特征。

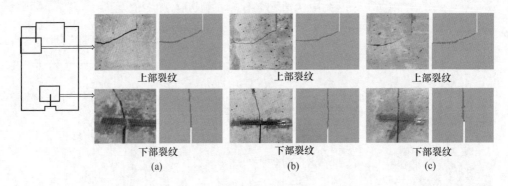

图 6.6 三个 DCCP 试件的试验和仿真结果比较
(a) IL-20-3 试件；(b) IL-60-3 试件；(c) IL-100-3 试件

6.4 测试结果及应力强度因子分析

6.4.1 动态裂纹萌生时间

为了获得上部裂纹和下部裂纹的起裂时间，将应变片粘贴在预制裂纹尖端上。可以使用应变片方法确定裂纹的萌生时间。应变片会随着裂纹的扩展而断裂，由超动态电阻应变仪记录的电压信号对时间的导数的极值所对应的时间即是裂纹萌生时间。

图 6.7 为 IL-60-3 DCCP 试件的应变片在 6 m/s 的冲击荷载下应变片的断裂时间，应变片 1 和应变片 2 的断裂时间分别为 199.76 μs 和 201.70 μs，表示下部裂纹在上部裂纹起裂之前已经起裂。表 6.2 为所有试件的裂纹萌生时间 t_1 和 t_2 的测试结果。

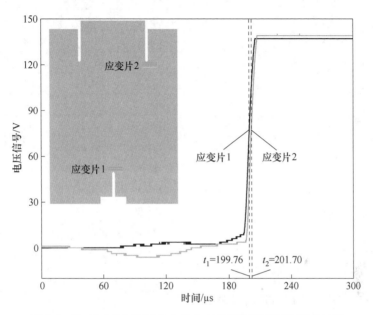

图 6.7　IL-60-3 DCCP 试件上的应变片的断裂时间的测量结果

表 6.2　裂纹萌生时间的测试结果

试件编号	上部裂纹长度/下部裂纹长度/mm	加载率/(GPa·s^{-1})	t_1/μs	t_2/μs	K_{I}	K_{II}
IL-20-1	20/60	148.8	232.12	206.06	1.81	0.93
IL-20-2	20/60	213.6	228.76	204.04	2.36	1.16
IL-20-3	20/60	285.7	225.95	199.32	2.98	1.41
IL-20-4	20/60	341.3	222.02	202.64	3.44	1.56
IL-20-5	20/60	394.5	219.28	198.9	4.17	1.85
IL-40-1	40/60	148.8	218.76	205.84	2.65	0.94
IL-40-2	40/60	213.6	215.38	204.1	2.32	1.17
IL-40-3	40/60	285.7	212.82	202.46	3.05	1.43
IL-40-4	40/60	341.3	210.24	200.34	3.47	1.59
IL-40-5	40/60	394.5	208.98	197.86	4.30	1.87

续表 6.2

试件编号	上部裂纹长度/下部裂纹长度/mm	加载率/(GPa·s^{-1})	t_1/μs	t_2/μs	K_I	K_II
IL-60-1	60/60	148.8	206.08	206.04	2.44	0.93
IL-60-2		213.6	202.68	203.52	2.96	1.16
IL-60-3		285.7	199.76	201.7	3.52	1.41
IL-60-4		341.3	197.7	199.1	3.81	1.56
IL-60-5		394.5	190.84	196.06	4.04	1.85
IL-80-1	80/60	148.8	186.6	207.42	1.66	0.94
IL-80-2		213.6	183.36	204.84	1.87	1.16
IL-80-3		285.7	181.2	202.06	2.29	1.40
IL-80-4		341.3	178.54	196.22	2.51	1.55
IL-80-5		394.5	174.76	195.92	3.03	1.87
IL-100-1	100/60	148.8	185.47	208.09	1.17	0.93
IL-100-2		213.6	183.34	205.84	1.35	1.15
IL-100-3		285.7	181.36	203.74	1.62	1.40
IL-100-4		341.3	179.74	200.78	1.88	1.53
IL-100-5		394.5	177.55	197.92	2.20	1.81

6.4.2 DCCP 试件的有限元数值模型

动态应力强度因子（DSIF）是研究动态断裂问题的重要参数。由于动态荷载作用下预制裂纹尖端的应力的复杂性，不能直接测量或求解动态应力强度因子，因此在本书中，使用基于 ABAQUS 程序同时结合实验-数值方法计算临界动态应力强度因子。

本书中计算所需的数值模型可由 ABAQUS 程序建立，如图 6.8 所示。有限元模型网格单元划分与第 2 章相同，对裂纹尖端区域采用 CPS6 单元，对其他区域采用 CPS8 单元。整个 DCCP 试件被 12291 个有限元单元离散化，在大小控制中的近似全局尺寸设置为 0.0038 m，在曲率控制中最大偏差因子设置为 0.08。模型中使用的材料参数见表 6.1，图 6.2 中的随时间变化的顶部荷载 $\sigma_\text{top}(t)$ 和底部荷载 $\sigma_\text{bot}(t)$ 应用于数值模型。

6.4.3 裂纹萌生时动态应力强度因子的确定

根据断裂力学理论，在 t 时刻对于离裂纹尖端距离为 r 的某点，在外加荷载作用下 I 型裂纹和 II 型裂纹的应力强度因子（SIF）$K_\text{I}^0(r,t)$ 和 $K_\text{II}^0(r,t)$ 可表示为：

$$K_{\mathrm{I}r}^{0}(r,t) = \sqrt{\frac{2\pi}{r}} \cdot \frac{E\Delta u(r,t)}{8(1-\mu^2)} \tag{6.5a}$$

$$K_{\mathrm{II}r}^{0}(r,t) = \sqrt{\frac{2\pi}{r}} \cdot \frac{E\Delta v(r,t)}{8(1-\mu^2)} \tag{6.5b}$$

式中　E——弹性模量；
　　　μ——泊松比；
$\Delta u(r,t)$——在 t 时刻的水平位移；
$\Delta v(r,t)$——在 t 时刻的竖向位移。

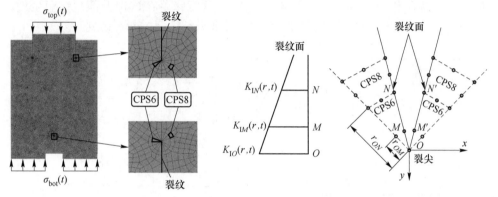

图 6.8　DCCP 试件的网格划分示意图

根据断裂力学理论，图 6.8 中 $r_{ON}=4r_{OM}$，对于 I 型裂纹 SIF，$K_{\mathrm{I}M}^{0}(r,t)$ 和 $K_{\mathrm{I}N}^{0}(r,t)$ 相对于 $K_{\mathrm{I}O}^{0}(r,t)$ 呈线性关系，对于 II 型裂纹 SIF，$K_{\mathrm{II}M}^{0}(r,t)$ 和 $K_{\mathrm{II}N}^{0}(r,t)$ 相对于 $K_{\mathrm{II}O}^{0}(r,t)$ 呈线性关系，因此裂纹尖端的 SIF $K_{\mathrm{I}}^{0}(t)$ 和 $K_{\mathrm{II}}^{0}(t)$ 可以通过 $K_{\mathrm{I}M}^{0}(r,t)$、$K_{\mathrm{I}N}^{0}(r,t)$、$K_{\mathrm{II}M}^{0}(r,t)$ 和 $K_{\mathrm{II}N}^{0}(r,t)$ 表达如下：

$$K_{\mathrm{I}O}^{0}(r,t) = \frac{4}{3}K_{\mathrm{I}M}^{0}(r,t) - \frac{1}{3}K_{\mathrm{I}N}^{0}(r,t) = K_{\mathrm{I}}^{0}(t) \tag{6.6a}$$

$$K_{\mathrm{II}O}^{0}(r,t) = \frac{4}{3}K_{\mathrm{II}M}^{0}(r,t) - \frac{1}{3}K_{\mathrm{II}N}^{0}(r,t) = K_{\mathrm{II}}^{0}(t) \tag{6.6b}$$

在动态有限元数值分析中，已知 J 积分法在计算裂纹应力强度因子中得到了广泛的应用。在本书中，将使用图 6.8 所示的数值模型和 J 积分方法来计算静态裂纹的 SIF，然后动态裂纹的 DSIF 计算如下：

$$K_{\mathrm{I}}(t) = K_{\mathrm{I}}^{0}(t) \cdot k(v) \tag{6.7a}$$

$$K_{\mathrm{II}}(t) = K_{\mathrm{II}}^{0}(t) \cdot k(v) \tag{6.7b}$$

式中　$k(v)$——普适泛函数；
　　　$K_{\mathrm{I}}^{0}(t)$——静态裂纹的应力强度因子。

对于起裂时的裂纹，$k(v)=1$，因为裂纹扩展速度为零。

图 6.9 为 IL-60-3 DCCP 试件在加载率为 285.7 GPa/s 时的动态应力强度因子。当 IL-60-3 试件底部裂纹萌生时间 t_1 为 199.76 μs，对应的临界应力强度因子为 $K_I = 3.52$ MPa·m$^{1/2}$ 和 $K_{II} = 0.01$ MPa·m$^{1/2}$，如图 6.9(a) 所示。比较 K_I 和 K_{II} 的值，很容易看出，DSIF K_I 比 DSIF K_{II} 大得多。这意味着在试件下部裂纹萌生时，DSIF K_{II} 可以忽略不计，DSIF K_I 可视为纯 I 型裂纹起始断裂韧度。

图 6.9(b) 显示了 IL-60-3 试件顶部裂纹的 DSIF 计算结果。从图 6.7 可知，顶部裂纹萌生时间为 201.70 μs，因此，图 6.9(b) 中模式 I 和模式 II 的起裂时刻的 DSIF 分别为 $K_I = 0.04$ MPa·m$^{1/2}$ 和 $K_{II} = 1.41$ MPa·m$^{1/2}$。比较 K_I 和 K_{II} 的值，很容易看出 DSIF K_{II} 比 DSIF K_I 大得多。这意味着在试件上部裂纹萌生处，DSIF K_I 可以忽略不计，而 DSIF K_{II} 可视为纯 II 型裂纹起始断裂韧度。

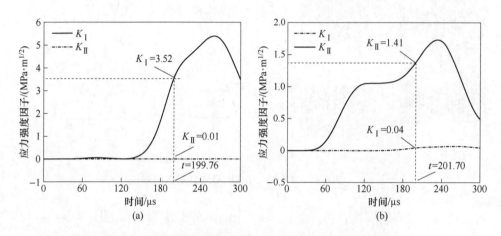

图 6.9　IL-60-3 试件的 I 型和 II 型裂纹的 DSIF 时程曲线
(a) 确定 I 型裂纹的初始 DSIF；(b) 确定 II 型裂纹的初始 DSIF

6.4.4　动态起始断裂韧度分析

从图 6.10 可以看出，I 型（下部裂纹）和 II 型（上部裂纹）裂纹的动态起始断裂韧度随着加载率的增加而增加。总的来说，I 型裂纹的动态起裂韧度大于 II 型裂纹的起裂韧度，但 I 型裂纹的起裂韧度分散度较大。在 148.8 GPa/s、213.6 GPa/s、285.7 GPa/s、341.3 GPa/s 和 394.5 GPa/s 加载率下，I 型裂纹的平均起裂韧度分别为 1.89 MPa·mm$^{1/2}$、2.11 MPa·mm$^{1/2}$、2.57 MPa·mm$^{1/2}$、2.82 MPa·mm$^{1/2}$ 和 3.22 MPa·mm$^{1/2}$，II 型裂纹的平均起裂韧度为 0.93 MPa·mm$^{1/2}$、1.16 MPa·mm$^{1/2}$、1.41 MPa·mm$^{1/2}$、1.56 MPa·mm$^{1/2}$ 和 1.84 MPa·mm$^{1/2}$。因此，在相同加载率下，模式 II 的平均断裂韧度与模式 I 的平均断裂韧度之比约为 0.5。这与文献 [290] 中大理岩石半圆弯曲（SCB）试件裂纹的试验结果基本一致。这是由于 T 应力的存在，导致纯 II 型裂纹的断裂韧度比纯 I 型裂纹的断裂韧度小得多。

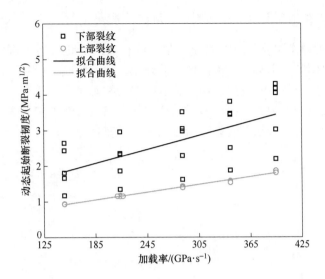

图 6.10 裂纹动态起始断裂韧度与加载率的关系

图 6.11 为裂纹动态起裂韧度与 I 型裂纹长度的关系。由于上部裂纹长度不变,纯 II 型裂纹起裂韧度波动较小。对于 I 型裂纹,预制裂纹长度从 20 mm 增加到 100 mm,平均起裂韧度逐渐减小,表明纯 I 型裂纹的起裂韧度受裂纹长度的影响很大。当 I 型裂纹长度为 100 mm 时,纯 I 型起裂韧度与纯 II 型起裂韧度基本相同,I 型和 II 型裂纹的平均起裂韧度分别为 1.36 MPa·mm$^{1/2}$ 和 1.35 MPa·mm$^{1/2}$。

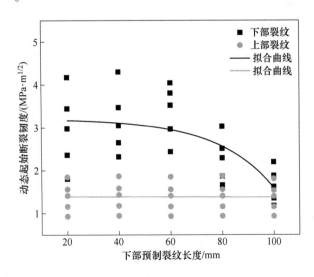

图 6.11 裂纹动态起裂韧度随下部预制裂纹长度的变化曲线

6.4.5 裂纹萌生时间与加载率和裂纹长度的关系

图 6.12 为动态裂纹萌生时间随预制裂纹长度的变化曲线。可以看出，下部裂纹的起裂时间随下部裂纹长度的增加而减小，这表明纯Ⅰ型裂纹预制裂缝长度越长，裂纹萌生就越容易发生。而上部裂纹的起裂时间几乎没有变化，因为Ⅱ型裂纹的预制裂缝长度没有变化。值得注意的是，当上部裂纹和下部裂纹的预制裂缝长度相同时，两种裂纹的起裂时间也相对接近或相等。

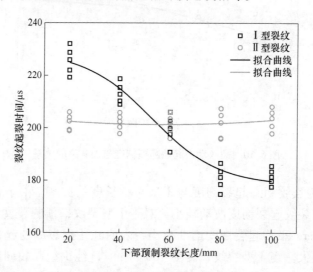

图 6.12 裂纹起裂时间与下部预制裂纹长度的变化曲线

先前的研究表明，裂纹萌生时间随加载率的增加而减少，但从图 6.13 可以

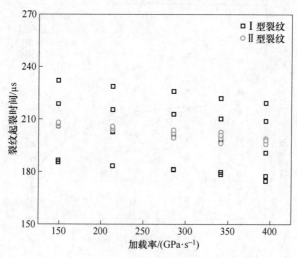

图 6.13 裂纹起裂时间随加载率的变化曲线

看出，在本书中，裂纹萌生时间随加载率的增加而减小缓慢。结果表明，DCCP 试件测试的起裂时间受预制裂缝长度的影响大于加载率的影响。

6.5 本章小结

由于先前的研究人员通常采用两个试件分别测试纯拉伸裂纹和纯剪切裂纹的起裂韧度，但是由于选用试件的岩石或混凝土材料存在差异，不能准确确定同一试件或材料中的断裂参数。如果能够在同一试件中同时测试到纯Ⅰ型和纯Ⅱ型裂纹的起裂韧度，那么材料断裂参数将更加准确。为了在同一试件中同时测量纯拉伸和纯剪切裂纹的起始断裂韧度，本章提出了一种大尺寸双裂纹凹凸板（DCCP）构型试件，并在落锤板加载系统下进行了冲击试验。然后进行了数值研究，并得出以下结论：

（1）本章提出的大尺寸 DCCP 试件构型适合用于在同一试件中同时测量纯拉伸裂纹和纯剪切裂纹的起裂韧度。

（2）动态起裂韧度随加载率的增加而增加；裂纹萌生时间随加载率的增加而缩短。

（3）当下部预制裂纹长度从 20 mm 增加到 100 mm 时，纯Ⅰ型裂纹的动态起裂韧度逐渐减小，表明Ⅰ型裂纹预制裂缝长度越长，裂纹萌生越容易。但纯Ⅱ型裂纹的动态起裂韧度变化不大。

（4）在相同加载率下，纯剪切裂纹的动态起裂韧度约为纯拉伸裂纹的 0.5 倍。

7　结　　论

研究冲击荷载下细骨料混凝土裂纹止裂及断裂参数对房屋建筑、重要基础设施和防护设施等工程结构的设计和评估维修具有重要的指导意义。通过落锤加载系统对本书提出的五种不同形状的细骨料混凝土试件进行冲击断裂试验，研究了裂纹动态扩展特性、裂纹动态止裂的动态断裂参数。采用应变片测试技术测量冲击加载荷载，并利用高精度裂纹扩展计测试技术监测裂纹动态扩展过程，获取裂纹动态断裂时间及裂纹扩展速度。随后基于 ABAQUS 程序通过实验-数值方法确定裂纹动态断裂韧度，最后利用 AUTODYN 程序数值研究了裂纹止裂机制及断裂参数和分析了应力波在试件中传播。通过以上一系列研究，可以得到如下结论：

（1）在细骨料混凝土 SCTO 试件的冲击断裂试验和数值研究中，裂纹扩展速度、动态断裂韧度和能量释放率均随加载率的增加而增加，但裂纹起裂时间和止裂时间区间随加载率增加而降低。在裂纹动态扩展过程中伴随着裂纹止裂现象发生，在裂纹止裂时刻，粒子速度矢量与裂纹的扩展方向相反，反射压应力波在裂纹止裂中起着关键作用。动态裂纹起裂韧度大于扩展韧度，并且由于加载过程中的惯性效应，起始时刻的能量释放率大于扩展过程中的能量释放率。

（2）本书提出的 SECVB 试件构型适合于研究冲击荷载作用下细骨料混凝土的裂纹扩展行为和裂纹止裂问题。试件的 V 型底部与透射杆之间的相互作用产生的压缩应力波的水平分量可以对向下移动的裂纹起到抑制作用，SECVB 试件构型对预制裂纹扩展具有止裂功能，且在相同冲击速度下，120° SECVB 试件的止裂效果大于 150° SECVB 试件。裂纹扩展韧度不是一个独立的参数，它与裂纹扩展速度相关。在裂纹扩展过程中，裂纹可能在一段时间内止裂，并且起裂韧度和止裂韧度高于裂纹扩展韧度。起裂韧度随着加载率的增加而增加，最后趋于某一个稳定值。

（3）本书提出的三种弧度（60°、90°和120°）的 TOCAB 试件都可以实现运动裂纹止裂功能，该试件构型可用于研究动态裂纹止裂问题。圆弧形底部与透射杆之间产生的反射压缩应力波对扩展中的竖向裂缝有着抑制作用。平底试件的平均裂纹扩展速度远远大于圆弧底试件的平均裂纹扩展速度，并且在 150 ~ 350 GPa/s 内，加载率对裂纹扩展长度的影响较小，这都表明水平压应力对裂纹扩展的抑制作用显著。裂纹起裂时刻和止裂时刻的 DSIF 大于裂纹动态扩展过程中的 DSIF。

（4）在冲击荷载作用下，本书提出的 LSECTH 试件的双止裂孔对竖向运动裂纹具有止裂功能。竖向加载下压缩应力波导致止裂孔的形状由圆形变成椭圆形，从而在双孔之间区域产生较大的压应力，它减缓或抑制了竖向裂纹持续扩展。根据双止裂孔间距的不同裂纹扩展路径表现出不同的断裂特征，主裂纹可能会分叉成两个子裂纹，并可能连接两个止裂孔或偏转与一个孔相连，主裂纹还可能被完全阻止或穿过双圆孔之间区域。当双孔间距小于 55 mm 时，动态裂纹扩展至双孔之间区域时裂纹扩展速度减小较多；当双孔间距大于等于 60 mm 时，裂纹扩展速度降低较少但仍小于无孔试件的裂纹扩展速度。双孔间距越大，主裂纹扩展长度越长；双孔间距越小，双孔之间中点的最大压应力越大。环向应力极值决定裂纹分叉机制，动态裂纹朝环向应力最大值方向扩展。

（5）本书提出的 DCCP 试件构型可以实现在同一试件中同时测量纯拉伸裂纹和纯剪切裂纹的起裂韧度。裂纹起裂时间随加载率的增加而缩短，动态起裂韧度随加载率的增加而增加。下部预制裂纹长度改变影响下部裂纹的起裂时间，进而影响 I 型裂纹的动态起裂韧度，并且 I 型裂纹长度越长，裂纹萌生越容易。但是，纯 II 型裂纹的动态起裂韧度变化不大。在相同加载率下，纯剪切裂纹的动态起裂韧度平均值约为纯拉伸裂纹的 0.5 倍。

参 考 文 献

[1] 高武, 洪开荣. 重大基础设施项目风险评价研究综述 [J]. 建筑经济, 2015, 2: 111-115.

[2] 孙小梅. 中国住房政策演变及后果 [D]. 厦门: 厦门大学, 2017.

[3] 陈祖煜, 程耿东, 杨春和. 关于我国重大基础设施工程安全相关科研工作的思考 [J]. 土木工程学报, 2016, 49: 1-5.

[4] 318 AC. Building code requirements for structural concrete (ACI 318-11) and commentary [S]. American Concrete Institute, 2011.

[5] Sato T, 淳二羽, 博池田. Standard specifications for concrete structures-2007 (DESIGN) [S]. Japan Society of Civil Engineers, 2008.

[6] 中华人民共和国建设部. 混凝土结构设计规范 [S]. 北京: 中国建筑工业出版社, 2002.

[7] Inglis C E. Stresses in a plate due to the presence of cracks and sharp corners [J]. Transactions of the Institute of Naval Architects, 1913, 55: 219-241.

[8] Griffith A A. The phenomena of rupture and flow in solids [J]. The Philosophical Transactions of the Royal Society London (Series A), 1921, 221: 163-198.

[9] Irwin G R. Analysis of stresses and strains near the end of a crack traversing a plate [J]. Journal of Applied Mechanics, 1957, 24: 361-364.

[10] Orowan E. Energy criteria of fracture [J]. Journal of the Japan Welding Society, 1955, 34: 157-160.

[11] Irwin G R. Crack-extension force for a part-through crack in a plate [J]. Journal of Applied Mechanics, 1962, 29 (4): 651-654.

[12] Sun C T, Jin Z H. Fracture Mechanics [M]. Amsterdam: Elsevier, 2012.

[13] Irwin G R. Onset of fast crack propagation in high strength steel and aluminum alloys [J]. Sagamore Research Conference Proceedings, 1956, 2: 289-305.

[14] 李永东. 理论与应用断裂力学 [M]. 北京: 兵器工业出版社, 2005.

[15] Murrell S A F. The strength of coal under triaxial compression [C] // Mechanical properties of non-metallic brittle materials. London: Butterworth Scientific Publications, 1958: 123-145.

[16] Neville A M. Some aspects of the strength of concrete [J]. Civil Engineering, 1959, 54: 1153-1156.

[17] Kaplan M. Crack propagation and the fracture of concrete [J]. Journal Proceedings, 1961, 58 (11): 591-610.

[18] Kesler C E, Naus D J, Lott J L. Fracture mechanics: its applicability to concrete [C] // Proceedings of the international conference on mechanical behavior of materials. Kyoto, Japan: The Society of Material Science, 1972: 113-124.

[19] Glucklich J. Theoretical and applied mechanics report No. 217 [R]. Champaign-Urbana, Illinois: University of Illinois, 1962.

[20] Moavenzadeh F, Kuguel R. Fracture of concrete [J]. Journal of Materials, 1969, 4 (3): 497-519.

[21] Brown J. Measuring the fracture toughness of cement paste and mortar [J]. Magazine of Concrete Research, 1972, 24 (81): 185-196.

[22] Naus D J, Lott J L. Fracture toughness of Portland cement concretes [J]. International Concrete Abstracts Portal Journal & Proceedings, 1969, 66 (6): 481-489.

[23] Brown J H, Pomeroy C D. Fracture toughness of cement paste and mortars [J]. Cement and Concrete Research, 1973, 3 (4): 475-480.

[24] Evans A G, Clifton J R, Anderson E. The fracture mechanics of mortars [J]. Cement and Concrete Research, 1976, 6 (4): 535-548.

[25] Radjy F, Hansen T C. Fracture of hardened cement paste and concrete [J]. Cement and Concrete Research, 1973, 3 (4): 343-361.

[26] Naus D, Batson G B, Lott J L. Fracture mechanics of concrete [J]. Fracture Mechanics of Ceramics, 1974, 2: 469-481.

[27] Oliver J. Continuum modelling of strong discontinuities in solid mechanics using damage models [J]. Computational Mechanics, 1995, 17: 49-61.

[28] Carpinteri A. Application of fracture mechanics to concrete structures [J]. Journal of Structural Engineering-ASCE, 1982, 108 (s4): 833-847.

[29] Kumar S, Barai S V. Concrete Fracture Models and Applications [M]. Berlin: Springer, 2012.

[30] Karihaloo B L. Fracture Mechanics and Structural Concrete [M]. Harlow: Longman Scientific & Technical, 1995.

[31] Mindess S. The Fracture Process Zone in Concrete [M]. Netherlands: Springer, 1991.

[32] Kachanov M, Montagut E. Interaction of a crack with certain microcrack arrays [J]. Engineering Fracture Mechanics, 1986, 25 (5/6): 625-636.

[33] Krstulovic-Opara N. Fracture process zone presence and behavior in mortar specimens [J]. ACI Materials Journal, 1993, 90 (6): 618-626.

[34] Shum D K M, Hutchinson J W. On toughening by microcracks [J]. Mechanics of Materials, 1990, 9 (2): 83-91.

[35] Van Mier J G M. Mode I fracture of concrete: Discontinuous crack growth and crack interface grain bridging [J]. Cement and Concrete Research, 1991, 21 (1): 1-15.

[36] 徐世烺, 张秀芳. 混凝土结构裂缝扩展全过程的 G_R 阻力曲线断裂判据 [J]. 土木工程学报, 2006, 39 (10): 19-28.

[37] Shah S P, Ouyang C. Measurement and modeling of fracture processes in concrete [M]. Westerville: American Ceramic Society, 1992.

[38] 姚武, 吴科如. 混凝土断裂过程区理论模型研究 [J]. 大连理工大学学报, 1997, s1: 15-22.

[39] Otsuka K, Date H. Fracture process zone in concrete tension specimen [J]. Engineering Fracture Mechanics, 2000, 65 (2/3): 111-131.

[40] 吴智敏, 赵国藩, 宋玉普, 等. 光弹贴片法研究砼在疲劳荷载作用下裂缝扩展过程 [J]. 实验力学, 2000, 15 (3): 286-292.

[41] 高淑玲,徐世烺. 电测法确定混凝土裂缝的临界长度 [J]. 清华大学学报（自然科学版）, 2007, 47 (9): 1432-1434.

[42] Hs H, Chabaat M, Thimus J F. Use of scanning electron microscope and the non-local isotropic damage model to investigate fracture process zone in notched concrete beams [J]. Experimental Mechanics, 2007, 47 (4): 473-484.

[43] Wu Z M, Rong H, Zheng J J, et al. An experimental investigation on the FPZ properties in concrete using digital image correlation technique [J]. Engineering Fracture Mechanics, 2011, 78 (17): 2978-2990.

[44] Bhargava J, Rehnström Å. High-speed photography for fracture studies of concrete [J]. Cement and Concrete Research, 1975, 5 (3): 239-247.

[45] Xing H Z, Zhang Q B, Braithwaite C H, et al. High-speed photography and digital optical measurement techniques for geomaterials: fundamentals and applications [J]. Rock Mechanics and Rock Engineering, 2017, 50 (6): 1-49.

[46] Mindess S, Bentur A. A preliminary study of the fracture of concrete beams under impact loading, using high speed photography [J]. Cement and Concrete Research, 1985, 15 (3): 474-484.

[47] Mindess S, Diamond S. A preliminary SEM study of crack propagation in mortar [J]. Cement and Concrete Research, 1980, 10 (4): 509-519.

[48] Mindess S, Diamond S. A device for direct observation of cracking of cement paste or mortar under compressive loading within a scanning electron microscope [J]. Cement and Concrete Research, 1982, 12 (5): 569-576.

[49] Hadjab H, Thimus J F, Chabaat M. Comparative study of acoustic emission and scanning electron microscope to evaluate fracture process zone in concrete beams [J]. Journal of Materials in Civil Engineering, 2010, 22 (11): 1156-1163.

[50] Derucher K N. Application of the scanning electron microscope to fracture studies of concrete [J]. Building and Environment, 1978, 13 (2): 135-141.

[51] Litorowicz A. Identification and quantification of cracks in concrete by optical fluorescent microscopy [J]. Cement and Concrete Research, 2006, 36 (8): 1508-1515.

[52] Dhir R K, Sangha R M. Development and propagation of microcracks in plain concrete [J]. Matériaux Et Construction, 1974, 7 (1): 17-23.

[53] Lee N K, Mayfield B, Snell C. Detecting the progress of internal cracks in concrete by using embedded graphite rods [J]. Magazine of Concrete Research, 1981, 33 (116): 180-183.

[54] Ansari F. Mechanism of microcrack formation in concrete [J]. ACI Materials Journal, 1989, 41: 459-464.

[55] Hu X, Wittmann F H. Experimental method to determine extension of fracture-process zone [J]. Journal of Materials in Civil Engineering, 1990, 2 (1): 15-23.

[56] Sakata Y, Ohtsu M. Crack evaluation in concrete members based on ultrasonic spectroscopy [J]. Aci Materials Journal, 1995, 92 (6): 686-698.

[57] Hu S W, Lu J, Fan X Q. The fracture of concrete based on acoustic emission [J]. Applied

Mechanics & Materials, 2011 (80/81): 261-265.

[58] Xiangqian F, Shengtao L, Xudong C, et al. Fracture behaviour analysis of the full-graded concrete based on digital image correlation and acoustic emission technique [J]. Fatigue and Fracture of Engineering Materials and Structures, 2020, 43 (6): 1274-1289.

[59] Maji A K, Shah S P. Process zone and acoustic-emission measurements in concrete [J]. Experimental Mechanics, 1988, 28 (1): 27-33.

[60] Ingraham M D, Issen K A, Holcomb D J. Use of acoustic emissions to investigate localization in high-porosity sandstone subjected to true triaxial stresses [J]. Acta Geotechnica, 2013, 8: 645-663.

[61] Chengsheng O, Barzin M, Shah S P. An R-curve approach for fracture of quasi-brittle materials [J]. Engineering Fracture Mechanics, 1990, 37 (4): 901-913.

[62] Rice J R. A path independent integral and the approximate analysis of strain concentration by notches and cracks [J]. Journal of Applied Mechanics, 1968, 35 (2): 379-386.

[63] Boyle E. The calculation of elastic and plastic crack extension forces [D]. Belfast: The Queens' University of Belfast, 1972.

[64] Hayes D J. Some applications of elastic-plastic analysis to fracture mechanics [J]. International Journal of Fracture, 1974, 10 (4): 620.

[65] 陈篪, 姚蘅, 邓枝生, 等. J 积分与应变能 U 间的关系 [J]. 科学通报, 1975, 7: 329-333.

[66] Sumpter J D G. Elastic-plastic fracture analysis and design using the finite element method [J]. International Journal of Fracture, 1974, 10 (4): 620-621.

[67] 郦正能. 应用断裂力学 [M]. 北京: 北京航空航天大学出版社, 2012.

[68] Lawn B. 脆性固体断裂力学 [M]. 北京: 高等教育出版社, 2010.

[69] Trevisan A, Caroldi S, Rosa A, et al. Finite element analysis-theory and application with ANSYS [J]. Journal of Biogeography, 1999, 12 (8): 992-993.

[70] 庄茁. ABAQUS/Standard 有限元软件入门指南 [M]. 北京: 清华大学出版社, 1998.

[71] Kumar S, Barai S V. Determining the double-K fracture parameters for three-point bending notched concrete beams using weight function [J]. Fatigue & Fracture of Engineering Materials & Structures, 2010, 33 (10): 645-660.

[72] Zhang J, Liu Q. Determination of concrete fracture parameters from a three-point bending test [J]. Tsinghua Science & Technology, 2003, 8: 726-733.

[73] Hyde T H, Saber M, Sun W. Testing and modelling of creep crack growth in compact tension specimens from a P91 weld at 650 ℃ [J]. Engineering Fracture Mechanics, 2010, 77 (15): 2946-2957.

[74] Wittmann F H, Rokugo K, Brühwiler E, et al. Fracture energy and strain softening of concrete as determined by means of compact tension specimens [J]. Materials and Structures, 1988, 21 (1): 21-32.

[75] Kim J K, Kim Y Y. Fatigue crack growth of high-strength concrete in wedge-splitting test [J]. Cement and Concrete Research, 1999, 29 (5): 705-712.

[76] Xiao J, Schneider H, Donnecke C. Wedge splitting test on fracture behaviour of ultra high strength concrete [J]. Construction and Building Materials, 2004, 18 (6): 359-365.

[77] Carpinteri A. Decrease of apparent tensile and bending strength with specimen size: two different explanations based on fracture mechanics [J]. International Journal of Solids & Structures, 1989, 25 (4): 407-429.

[78] Carpinteri A. A catastrophe theory approach to fracture mechanics [J]. International Journal of Fracture, 1990, 44 (1): 57-69.

[79] Carpinteri A, Colombo G. Numerical analysis of catastrophic softening behaviour (snap-back instability) [J]. Computers & Structures, 1989, 31 (4): 607-636.

[80] Prasad B K R, Devi M V R. Extension of FCM to plain concrete beams with vertical tortuous cracks [J]. Engineering Fracture Mechanics, 2007, 74 (17): 2758-2769.

[81] Gerstle W H, Xie M. FEM modeling of fictitious crack propagation in concrete [J]. Journal of Engineering Mechanics, 1992, 118 (2): 416-434.

[82] Bažant Z P, Oh B H. Crack band theory for fracture of concrete [J]. Materials and Structures, 1983, 16 (3): 155-177.

[83] Hillerborg A, Modéer M, Petersson P E. Analysis of crack formation and crack growth in concrete by means of fracture mechanics and finite elements [J]. Cement and Concrete Research, 1976, 6 (6): 773-781.

[84] Bažant Z P. Size effect in blunt fracture: concrete, rock, metal [J]. Journal of Engineering Mechanics, 1984, 110 (4): 518-535.

[85] Bažant Z P. Concrete fracture models: testing and practice [J]. Engineering Fracture Mechanics, 2002, 69 (2): 165-205.

[86] Gettu R, Bazant Z P, Karr M E. Fracture properties and brittleness of high-strength concrete [J]. Aci Materials Journal, 1990, 87 (6): 608-618.

[87] Jenq Y, Shah S P. Two parameter fracture model for concrete [J]. Journal of Engineering Mechanics, 1985, 111 (10): 1227-1241.

[88] Jansen D C, Weiss W J, Schleuchardt S H F. Modified testing procedure for the two parameter fracture model for concrete [C] // The Proceedings of the 14th Engineering Mechanics Conference. Engineering Mechanics Conference: Austin, 2000.

[89] Iyengar K T S R, Raviraj S, Gupta A V. Graphical method to determine the parameters of the two-parameter fracture model for concrete [J]. Engineering Fracture Mechanics, 1995, 51 (5): 851-859.

[90] Swartz S E, Go C G. Validity of compliance calibration to cracked concrete beams in bending [J]. Experimental Mechanics, 1984, 24 (2): 129-134.

[91] Karihaloo B L, Nallathambi P. An improved effective crack model for the determination of fracture toughness of concrete [J]. Cement and Concrete Research, 1989, 19 (4): 603-610.

[92] Karihaloo B L, Nallathambi P. Fracture toughness of plain concrete from three-point bend specimens [J]. Materials & Structures, 1989, 22 (3): 185-193.

[93] Karihaloo B L, Nallathambi P. Size-effect prediction from effective crack model for plain concrete [J]. Materials & Structures, 1990, 23 (3): 178-185.

[94] Reinhardt H W, Xu S. Crack extension resistance based on the cohesive force in concrete [J]. Engineering Fracture Mechanics, 1999, 64 (5): 563-587.

[95] Xu S, Reinhardt H W. Crack extension resistance and fracture properties of quasi-brittle softening materials like concrete based on the complete process of fracture [J]. International Journal of Fracture, 1998, 92 (1): 71-99.

[96] Xu S, Reinhardt H W. Determination of double-K criterion for crack propagation in quasi-brittle fracture, Part Ⅰ: Experimental investigation of crack propagation [J]. International Journal of Fracture, 1999, 98 (2): 111-149.

[97] Xu S, Reinhardt H W. Determination of double-K criterion for crack propagation in quasi-brittle fracture, Part Ⅱ: Analytical evaluating and practical measuring methods for three-point bending notched beams [J]. International Journal of Fracture, 1999, 98 (2): 151-177.

[98] Xu S, Reinhardt H W. Determination of double-Kcriterion for crack propagation in quasi-brittle fracture, Part Ⅲ: Compact tension specimens and wedge splitting specimens [J]. International Journal of Fracture, 1999, 98 (2): 179-193.

[99] Xu S, Reinhardt H W. A simplified method for determining double-K fracture parameters for three-point bending tests [J]. International Journal of Fracture, 2000, 104 (2): 181-209.

[100] Xu S, Zhang X. Determination of fracture parameters for crack propagation in concrete using an energy approach [J]. Engineering Fracture Mechanics, 2008, 75 (15): 4292-4308.

[101] 赵艳华, 徐世烺, 吴智敏. 混凝土结构裂缝扩展的双G准则 [J]. 土木工程学报, 2004, 37 (10): 13-18.

[102] 徐世烺. 混凝土断裂力学 [M]. 北京: 科学出版社, 2011.

[103] Zhao Y, Xu S, Li Z. An analytical and computational study on energy dissipation along fracture process zone in concrete [J]. Computers & Concrete, 2003, 1 (1): 47-60.

[104] Zhao Y, Xu S, Wu Z. Variation of fracture energy dissipation along evolving fracture process zones in concrete [J]. Journal of Materials in Civil Engineering, 2007, 19 (8): 47-49.

[105] Shibanuma K, Yanagimoto F, Namegawa T, et al. Brittle crack propagation/arrest behavior in steel plate—Part Ⅰ: Model formulation [J]. Engineering Fracture Mechanics, 2016, 162: 324-340.

[106] Shibanuma K, Yanagimoto F, Namegawa T, et al. Brittle crack propagation/arrest behavior in steel plate—Part Ⅱ: Experiments and model validation [J]. Engineering Fracture Mechanics, 2016, 162: 341-360.

[107] Shibanuma K, Yanagimoto F, Suzuki K, et al. Brittle crack propagation/arrest behavior in steel plate—Part Ⅲ: Discussions on arrest design [J]. Engineering Fracture Mechanics, 2018, 190: 104-119.

[108] Handa T, Nishimura K, Igi S, et al. Brittle crack propagation/arrest behavior in full penetration T-joint [J]. Journal of the Society of Naval Architects of Japan, 2014, 19: 179-185.

[109] Murdani A, Makabe C, Saimoto A, et al. A crack-growth arresting technique in aluminum alloy [J]. Engineering Failure Analysis, 2008, 15 (4): 302-310.

[110] Song P S, Shieh Y L. Stop drilling procedure for fatigue life improvement [J]. International Journal of Fatigue, 2004, 26 (12): 1333-1339.

[111] Domazet Ž. Comparison of fatigue crack retardation methods [J]. Engineering Failure Analysis, 1996, 3 (2): 137-147.

[112] Ghfiri R, Amrouche A, Imad A, et al. Fatigue life estimation after crack repair in 6005 A-T6 aluminium alloy using the cold expansion hole technique [J]. Fatigue & Fracture of Engineering Materials & Structures, 2010, 23 (11): 911-916.

[113] Ghfiri R, Shi H J, Guo R, et al. Effects of expanded and non-expanded hole on the delay of arresting crack propagation for aluminum alloys [J]. Materials Science & Engineering A, 2000, 286 (2): 244-249.

[114] Shkarayev S. Theoretical modeling of crack arrest by inserting interference fit fasteners [J]. International Journal of Fatigue, 2003, 25 (4): 317-324.

[115] Makabe C, Murdani A, Kuniyoshi K, et al. Crack-growth arrest by redirecting crack growth by drilling stop holes and inserting pins into them [J]. Engineering Failure Analysis, 2009, 16 (1): 475-483.

[116] Nishimura T. Experimental and numerical evaluation of crack arresting capability due to a dimple [J]. Journal of Engineering Materials & Technology, 2005, 127 (2): 244-250.

[117] Goto M, Miyagawa H, Nisitani H. Crack growth arresting property of a hole and brinel-type dimple [J]. Fatigue & Fracture of Engineering Materials & Structures, 1996, 19 (1): 39-49.

[118] Kyokai N K. Guidelines on brittle crack arrest design [S]. Tokyo: Mppon Kaiji Kyokai, 2009.

[119] IACS. Requirements for use of extremely thick steel plates (UR S33) [S]. London: International Association of Classification Societies, 2013.

[120] Dally J W, Fourney W L, Irwin G R. On the uniqueness of the stress intensity factor-crack velocity relationship [J]. International Journal of Fracture, 1985, 27 (3/4): 159-168.

[121] Nishioka T, Nishi M, Fujimoto T, et al. A study on the front shapes and surface singularity of dynamically propagating cracks [J]. Nihon Kikai Gakkai Ronbunshu A Hen/transactions of the Japan Society of Mechanical Engineers Part A, 1993, 59 (559): 666-673.

[122] Ayatollahi M R, Rashidi M M, Razavi S M J, et al. Geometry effects on fracture trajectory of PMMA samples under pure mode-I loading [J]. Engineering Fracture Mechanics, 2016, 163: 449-461.

[123] 苏碧军. 岩石动态强度和动态断裂韧度的测试技术研究 [D]. 成都：四川大学，2003.

[124] Grégoire D, Maigre H, Combescure A. New experimental and numerical techniques to study the arrest and the restart of a crack under impact in transparent materials [J]. International Journal of Solids and Structures, 2009, 46 (18/19): 3480-3491.

[125] 王蒙, 朱哲明, 谢军. 岩石Ⅰ—Ⅱ复合型裂纹动态扩展 SHPB 实验及数值模拟研究

[J]. 岩石力学与工程学报, 2015, 34 (12): 2474-2485.

[126] 张财贵, 曹富, 李炼, 等. 采用压缩单裂纹圆孔板确定岩石动态起裂、扩展和止裂韧度 [J]. 力学学报, 2016, 48 (3): 624-635.

[127] Yanagimoto F, Shibanuma K, Suzuki K. High speed observation of fast crack propagation and arrest behaviour in 3D transparent structures [C] // 22nd European Conference on Fracture, 2018.

[128] 张盛, 鲁义强, 王启智. 用 P-CCNBD 试样测定岩石动态扩展韧度和观察动态止裂现象 [J]. 岩土力学, 2017, 11: 3095-3105.

[129] Zhang Q B, Zhao J. A review of dynamic experimental techniques and mechanical behaviour of rock materials [J]. Rock Mechanics and Rock Engineering, 2014, 47: 1411-1478.

[130] Ravi-Chandar K, Knauss W G. An experimental investigation into dynamic fracture: I. Crack initiation and arrest [J]. International Journal of Fracture, 1984, 25 (4): 247-262.

[131] Bradley W B, Kobayashi A S. Fracture dynamics-a photoelastic investigation [J]. Engineering Fracture Mechanics, 1971, 3 (3): 317-332.

[132] Hoagland R G, Rosenfieldg A R, Hahn G T. Mechanisms of fast fracture and arrest in steels [J]. Metallurgical & Materials Transactions B, 1972, 3: 123-136.

[133] Kanninen M F. A dynamic analysis of unstable crack propagation and arrest in the DCB test Specimen [J]. International Journal of Fracture, 1974, 10 (3): 415-430.

[134] Freund L B. A simple model of the double cantilever beam crack propagation specimen [J]. Journal of the Mechanics & Physics of Solids, 1977, 25: 69-79.

[135] Kalthoff J F, Beinert J, Winkler S. Measurements of dynamic stress intensity factors for fast running and arresting cracks in double-cantilever-beam specimens [C] // Fast fracture and crack arrest, ASTM STP 627. Philadelphia, USA: American Society for Testing and Materials (ASTM), 1977.

[136] Yang J R, Zhang C G, Zhou Y, et al. A new method for determining dynamic fracture toughness of rock using SCDC specimens [J]. Chinese Journal of Rock Mechanics and Engineering, 2015, 34 (2): 279-292.

[137] Yang R, Wang Y, Ding C. Laboratory study of wave propagation due to explosion in a jointed medium [J]. International Journal of Rock Mechanics and Mining Sciences, 2016, 81: 70-78.

[138] Li M, Zhu Z, Liu R, et al. Study of the effect of empty holes on propagating cracks under blasting loads [J]. International Journal of Rock Mechanics and Mining Sciences, 2018, 103: 186-193.

[139] 万端莹, 朱哲明, 刘瑞峰, 等. 爆炸荷载作用下两平行裂纹对扩展中裂纹的影响规律 [J]. 爆炸与冲击, 2019, 39 (8): 1-12.

[140] Huang B, Liu J. The effect of loading rate on the behavior of samples composed of coal and rock [J]. International Journal of Rock Mechanics and Mining Sciences, 2013, 61: 23-30.

[141] Li X B, Lok T S, Zhao J. Dynamic characteristics of granite subjected to intermediate loading rate [J]. Rock Mechanics and Rock Engineering, 2005, 38 (1): 21-39.

[142] Kim D J, Sirijaroonchai K, El-Tawil S, et al. Numerical simulation of the split Hopkinson pressure bar test technique for concrete under compression [J]. International Journal of Impact Engineering, 2010, 37 (2): 141-149.

[143] Cao A, Jing G, Ding Y L, et al. Mining-induced static and dynamic loading rate effect on rock damage and acoustic emission characteristic under uniaxial compression [J]. Safety Science, 2019, 116: 86-96.

[144] Komurlu E. Loading rate conditions and specimen size effect on strength and deformability of rock materials under uniaxial compression [J]. International Journal of Geo-Engineering, 2018, 9 (1): 1-12.

[145] Vii W E, Taciroglu E, Mcmichael L. Dynamic strength increase of plain concrete from high strain rate plasticity with shear dilation [J]. International Journal of Impact Engineering, 2012, 45: 1-15.

[146] Heidari-Rarani M, Aliha M R M, Shokrieh M M, et al. Mechanical durability of an optimized polymer concrete under various thermal cyclic loadings—An experimental study [J]. Construction and Building Materials, 2014, 64: 308-315.

[147] Kim E, Changani H. Effect of water saturation and loading rate on the mechanical properties of red and buff sandstones [J]. International Journal of Rock Mechanics and Mining Sciences, 2016, 88: 23-28.

[148] Yin Z, Chen W, Hao H, et al. Dynamic compressive test of gas-containing coal using a modified split Hopkinson pressure bar system [J]. Rock Mechanics and Rock Engineering, 2020, 53 (1): 815-829.

[149] Zhu Z M, Xu W T, Feng R Q. A new method for measuring mode-I dynamic fracture toughness of rock under blasting loads [J]. Experimental Techniques, 2015, 40 (3): 899-905.

[150] Huang H, Yuan Y, Zhang W, et al. Bond behavior between lightweight aggregate concrete and normal weight concrete based on splitting-tensile test [J]. Construction and Building Materials, 2019, 209 (10): 306-314.

[151] Jokhio G A, Saad F M, Gul Y, et al. Uniaxial compression and tensile splitting tests on adobe with embedded steel wire reinforcement [J]. Construction and Building Materials, 2018, 176 (10): 383-393.

[152] Wang Q Z, Yang J R, Zhang C G, et al. Sequential determination of dynamic initiation and propagation toughness of rock using an experimental-numerical-analytical method [J]. Engineering Fracture Mechanics, 2015, 141: 78-94.

[153] Wang X, Zhu Z, Wang M, et al. Study of rock dynamic fracture toughness by using VB-SCSC specimens under medium-low speed impacts [J]. Engineering Fracture Mechanics, 2017, 181: 52-64.

[154] Kuruppu M D, Obara Y, Ayatollahi M R, et al. ISRM-suggested method for determining the mode I static fracture toughness using semi-circular bend specimen [J]. Rock Mechanics and Rock Engineering, 2014, 47 (1): 267-274.

[155] Aliha M R M, Ayatollahi M R. Rock fracture toughness study using cracked chevron notched Brazilian disc specimen under pure modes Ⅰ and Ⅱ loading—A statistical approach [J]. Theoretical & Applied Fracture Mechanics, 2014, 69: 17-25.

[156] Guo H, Aziz N I, Schmidt L C. Rock fracture-toughness determination by the Brazilian test [J]. Engineering Geology, 1993, 33 (3): 177-188.

[157] Akbardoost J, Ghadirian H R, Sangsefidi M. Calculation of the crack tip parameters in the holed-cracked flattened Brazilian disk (HCFBD) specimens under wide range of mixed mode Ⅰ/Ⅱ loading [J]. Fatigue & Fracture of Engineering Materials & Structures, 2017, 40 (9): 1416-1427.

[158] Wang M, Zhu Z, Dong Y, et al. Study of mixed-mode Ⅰ/Ⅱ fractures using single cleavage semicircle compression specimens under impacting loads [J]. Engineering Fracture Mechanics, 2017, 177: 33-44.

[159] Zhou L, Zhu Z, Qiu H, et al. Study of the effect of loading rates on crack propagation velocity and rock fracture toughness using cracked tunnel specimens [J]. International Journal of Rock Mechanics and Mining Sciences, 2018, 112: 25-34.

[160] Ying P, Zhu Z, Wang F, et al. The characteristics of dynamic fracture toughness and energy release rate of rock under impact [J]. Measurement, 2019, 147: 106884.

[161] Lang L, Zhu Z, Zhang X, et al. Investigation of crack dynamic parameters and crack arresting technique in concrete under impacts [J]. Construction and Building Materials, 2019, 199 (11): 321-334.

[162] Tang S B. Stress intensity factors for a Brazilian disc with a central crack subjected to compression [J]. International Journal of Rock Mechanics and Mining Sciences, 2017, 93: 38-45.

[163] Tang S, Bao C, Liu H. Brittle fracture of rock under combined tensile and compressive loading conditions [J]. Canadian Geotechnical Journal, 2017, 54 (1): 88-101.

[164] Zhang Z X, Kou S Q, Jiang L G, et al. Effects of loading rate on rock fracture: fracture characteristics and energy partitioning [J]. International Journal of Rock Mechanics and Mining Sciences, 2000, 37 (5): 745-762.

[165] Zhao Y, Gong S, Hao X, et al. Effects of loading rate and bedding on the dynamic fracture toughness of coal: laboratory experiments [J]. Engineering Fracture Mechanics, 2017, 178: 375-391.

[166] Satyanarayana A, Gattu M. Effect of displacement loading rates on mode-I fracture toughness of fiber glass-epoxy composite laminates [J]. Engineering Fracture Mechanics, 2019, 218: 1-19.

[167] Frew D J, Forrestal M J, Chen W. A split Hopkinson pressure bar technique to determine compressive stress-strain data for rock materials [J]. Experimental Mechanics, 2001, 41 (1): 40-46.

[168] Nasseri M H B, Mohanty B. Fracture toughness anisotropy in granitic rocks [J]. International Journal of Rock Mechanics and Mining Sciences, 2008, 45 (2): 167-193.

[169] Zhou Z, Li X, Liu A, et al. Stress uniformity of split Hopkinson pressure bar under half-sine wave loads [J]. International Journal of Rock Mechanics and Mining Sciences, 2011, 48 (4): 697-701.

[170] Zhang Q B, Zhao J. Effect of loading rate on fracture toughness and failure micromechanisms in marble [J]. Engineering Fracture Mechanics, 2013, 102: 288-309.

[171] Imani M, Nejati H R, Goshtasbi K. Dynamic response and failure mechanism of Brazilian disk specimens at high strain rate [J]. Soil Dynamics and Earthquake Engineering, 2017, 100: 261-269.

[172] Renshu Y, Jun C, Liyun Y, et al. An experimental study of high strain-rate properties of clay under high consolidation stress [J]. Soil Dynamics and Earthquake Engineering, 2017, 92: 46-51.

[173] Wang Q Z, Feng F, Ni M, et al. Measurement of mode I and mode II rock dynamic fracture toughness with cracked straight through flattened Brazilian disc impacted by split Hopkinson pressure bar [J]. Engineering Fracture Mechanics, 2011, 78 (12): 2455-2469.

[174] Haeri H, Shahriar K, Marji M F, et al. Experimental and numerical study of crack propagation and coalescence in pre-cracked rock-like disks [J]. International Journal of Rock Mechanics and Mining Sciences, 2014, 67: 20-28.

[175] Faye A, Parameswaran V, Basu S. Dynamic fracture initiation toughness of PMMA: A critical evaluation [J]. Mechanics of Materials, 2016, 94: 156-169.

[176] Haeri H, Sarfarazi V, Zhu Z. Effect of normal load on the crack propagation from pre-existing joints using particle flow code (PFC) [J]. Computers & Concrete, 2017, 19 (1): 99-110.

[177] Lang L, Zhu Z, Deng S, et al. Study on the arresting mechanism of two arrest-holes on moving crack in brittle material under impacts [J]. Engineering Fracture Mechanics, 2020, 229 (39): 106936.

[178] Zhu Z. Numerical prediction of crater blasting and bench blasting [J]. International Journal of Rock Mechanics and Mining Sciences, 2009, 46 (6): 1088-1096.

[179] Zhu Z, Wang C, Kang J, et al. Study on the mechanism of zonal disintegration around an excavation [J]. International Journal of Rock Mechanics and Mining Sciences, 2014, 67: 88-95.

[180] Ye W. Origin 9.1 Science and Technology Drawing and Data Analysis [M]. Beijing: China Machine Press, 2015.

[181] Zhou Y, Xia K, Li X, et al. Suggested methods for determining the dynamic strength parameters and mode-I fracture toughness of rock materials [J]. International Journal of Rock Mechanics and Mining Sciences, 2012, 49 (1): 105-112.

[182] Broberg K B. The propagation of a brittle crack [J]. Arkvik for Fysik, 1960, 18: 159-192.

[183] Baker B R. Dynamic stresses created by a moving crack [J]. Journal of Applied Mechanics, 1962, 29: 449-458.

[184] Rose L R F. Recent theoretical and experimental results on fast brittle fracture [J].

International Journal of Fracture, 1976, 12 (6): 799-813.

[185] Rose L R F. On the initial motion of a Griffith crack [J]. International Journal of Fracture, 1976, 12 (6): 829-841.

[186] Bueckner H F. A novel principle for the computation of stress intensity factors [J]. Zeitschrift fuer Angewandte Mathematik & Mechanik, 1970, 50: 529-546.

[187] Rice J R. Some remarks on elastic crack-tip stress fields [J]. International Journal of Solids & Structures, 1972, 8 (6): 751-758.

[188] Freund L B. Energy flux into the tip of an extending crack in an elastic solid [J]. Journal of Elasticity, 1972, 2 (4): 341-349.

[189] Freund L B. Crack propagation in an elastic solid subjected to general loading-III: Stress wave loading [J]. Journal of the Mechanics & Physics of Solids, 1973, 21 (2): 47-61.

[190] Freund L B. Crack propagation in an elastic solid subjected to general loading-IV: Obliquely incident stress pulse [J]. Journal of the Mechanics & Physics of Solids, 1974, 22 (3): 137-146.

[191] Freund L B. The stress intensity factor due to normal impact loading of the faces of a crack [J]. International Journal of Engineering Science, 1974, 12 (2): 179-189.

[192] Xie H, Sanderson D J. Fractal effects of crack propagation on dynamic stress intensity factors and crack velocities [J]. International Journal of Fracture, 1996, 74 (1): 29-42.

[193] Xie H, Sanderson D J. Fractal kinematics of crack propagation in geomaterials [J]. Engineering Fracture Mechanics, 1995, 50 (4): 529-536.

[194] Bhat H S, Rosakis A J, Sammis C G. A micromechanics based constitutive model for brittle failure at high strain rates [J]. Journal of Applied Mechanics, 2012, 79 (3): 031016.

[195] Freund L B. Dynamic Fracture Mechanics [M]. Cambridge: Cambridge University Press, 1998.

[196] Chen Y M. Numerical computation of dynamic stress intensity factors by a lagrangian finite-difference method (the HEMP code) [J]. Engineering Fracture Mechanics, 1975, 7 (4): 653-660.

[197] Ravi-Chandar K. Dynamic Fracture [M]. Elsevier, 2004.

[198] Kobayashi A S, Ramulu M. Dynamic fracture mechanics [M]. Aeronautical Society of India, 1985.

[199] Morales-Alonso G, Rey-de-Pedraza V, Gálvez F, et al. Numerical simulation of fracture of concrete at different loading rates by using the cohesive crack model [J]. Theoretical and Applied Fracture Mechanics, 2018, 96: 308-325.

[200] 金浏, 杜修力. 加载速率及其突变对混凝土压缩破坏影响的数值研究 [J]. 振动与冲击, 2014, 33 (19): 187-193.

[201] 田威, 韩女, 张鹏坤. 混凝土冻融循环下动态破损机理的试验研究 [J]. 振动与冲击, 2017, 36 (8): 79-85.

[202] 范向前, 胡少伟, 陆俊, 等. 不同初始损伤混凝土动态轴向拉伸试验研究 [J]. 振动与冲击, 2016, 35 (17): 117-120.

[203] 聂良学, 许金余, 任韦波, 等. 不同温度及加载速率对混凝土冲击变形韧性影响 [J]. 振动与冲击, 2015, 34 (6): 67-71.

[204] 李杰, 晏小欢, 任晓丹. 不同加载速率下混凝土单轴受压性能大样本试验研究 [J]. 建筑结构学报, 2016, 37 (8): 66-75.

[205] Zhu Z, Mohanty B, Xie H. Numerical investigation of blasting-induced crack initiation and propagation in rocks [J]. International Journal of Rock Mechanics and Mining Sciences, 2007, 44 (3): 412-424.

[206] Zhu Z, Xie H, Mohanty B. Numerical investigation of blasting-induced damage in cylindrical rocks [J]. International Journal of Rock Mechanics and Mining Sciences, 2008, 45 (2): 111-121.

[207] Zhu Z, Wang C, Kang J, et al. Study on the mechanism of zonal disintegration around an excavation [J]. International Journal of Rock Mechanics and Mining Sciences, 2014, 67: 88-95.

[208] Zhang Q, Zhao J. Determination of mechanical properties and full-field strain measurements of rock material under dynamic loads [J]. International Journal of Rock Mechanics and Mining Sciences, 2013, 60: 423-439.

[209] Lee D, Tippur H, Bogert P. Dynamic fracture of graphite/epoxy composites stiffened by buffer strips: an experimental study [J]. Composite Structures, 2012, 94 (12): 3538-3545.

[210] Avachat S, Zhou M. High-speed digital imaging and computational modeling of dynamic failure in composite structures subjected to underwater impulsive loads [J]. International Journal of Impact Engineering, 2015, 77: 147-165.

[211] Jiang F, Vecchio K S. Hopkinson bar loaded fracture experimental technique: a critical review of dynamic fracture toughness tests [J]. Applied Mechanics Reviews, 2009, 62 (6): 060802.

[212] Kowalczyk P. Identification of mechanical parameters of composites in tensile tests using mixed numerical-experimental method [J]. Measurement, 2019, 135: 131-137.

[213] Amin F, Sara N, Davood A, et al. Assessment of delamination growth due to matrix cracking in hybrid Glass-Kevlar composite laminates using experimental, numerical and analytical methods [J]. Engineering Fracture Mechanics, 2021, 247: 107691.

[214] Yang S, Tang T, Zollinger D G, et al. Splitting tension tests to determine concrete fracture parameters by peak-load method [J]. Advanced Cement Based Materials, 1997, 5 (2): 18-28.

[215] 冯峰, 韦重耕, 王启智. 用中心直裂纹平台巴西圆盘测试岩石动态断裂韧度的尺寸效应 [J]. 工程力学, 2009, 26 (4): 167-173.

[216] Markides C F, Kourkoulis S K. Mathematical formulation of an analytic approach to the stress field in a flattened Brazilian disc [J]. Procedia Structural Integrity, 2020, 28: 710-719.

[217] Surendra K, Simha K. Analysis of cracked and un-cracked semicircular rings under symmetric loading [J]. Engineering Fracture Mechanics, 2014, 128: 69-90.

[218] Franklin J, Sun Z, Atkinson B, et al. Suggested methods for determining the fracture

toughness of rock [J]. International Journal of Rock Mechanics and Mining and Geomechanics Abstracts, 1988, 25 (2): 71-96.

[219] Yuchen Z, Yi X, Qingxin W, et al. A multi-state progressive cohesive law for the prediction of unstable propagation and arrest of mode-I delamination cracks in composite laminates [J]. Engineering Fracture Mechanics, 2021, 248: 107684.

[220] Tetsuya T, Tsunehisa H, Hisakazu T, et al. Brittle crack arrest behavior and its interpretation in an isothermal crack arrest test [J]. Engineering Fracture Mechanics, 2020, 235: 107130.

[221] 杨井瑞, 张财贵, 周妍, 等. 用 SCDC 试样测试岩石动态断裂韧度的新方法 [J]. 岩石力学与工程学报, 2015, 34 (2): 279-292.

[222] Kanninen M F, Popelar C H. Advanced fracture mechanics [M]. Oxford: Oxford University Press, 1985.

[223] Moran B, Shih C F. A general treatment of crack tip contour integrals [J]. International Journal of Fracture, 1987, 35 (4): 295-310.

[224] Kobayashi A S, Chiu S T, Beeuwkes R. A numerical and experimental investigation on the use of J-integral [J]. Engineering Fracture Mechanics, 1973, 5 (2): 293-305.

[225] Shih C F, German M D. Requirements for a one parameter characterization of crack tip fields by the HRR singularity [J]. International Journal of Fracture, 1981, 17 (1): 27-43.

[226] Rice J R, Mcmeeking R M, Parks D M, et al. Recent finite element studies in plasticity and fracture mechanics [J]. Computer Methods in Applied Mechanics & Engineering, 1979, 17 (79): 411-442.

[227] Al-Ani A M, Hancock J W. J-Dominance of short cracks in tension and bending [J]. Journal of Mechanics of Physics & Solids, 1991, 39 (1): 23-43.

[228] Kumar V, German M D, Shih C F. An Engineering Approach for Elastic-Plastic Fracture Analysis [M]. California: Electric Power Research Institute, 1981.

[229] Zhou Z, Li X, Liu A, et al. Stress uniformity of split Hopkinson pressure bar under half-sine wave loads [J]. International Journal of Rock Mechanics and Mining Sciences, 2011, 48 (4): 697-701.

[230] Dong Y, Zhu Z, Zhou L, et al. Study of mode I crack dynamic propagation behaviour and rock dynamic fracture toughness by using SCT specimens [J]. Fatigue & Fracture of Engineering Materials & Structures, 2018, 41 (8): 1810-1822.

[231] Chen R, Xia K, Dai F, et al. Determination of dynamic fracture parameters using a semi-circular bend technique in split Hopkinson pressure bar testing [J]. Engineering Fracture Mechanics, 2009, 76 (9): 1268-1276.

[232] Yang R, Ding C, Yang L, et al. Behavior and law of crack propagation in the dynamic-static superimposed stress field [J]. Journal of Testing and Evaluation, 2018, 46 (6): 2540-2548.

[233] Jitao Z, Haiyan Z, Piaoxue S, et al. Experimental and numerical analysis of crack propagation in reinforced concrete structures using a three-phase concrete model [J]. Structures, 2021,

33：1705-1714.

[234] 李炼，杨丽萍，曹富，等. 冲击加载下的砂岩动态断裂全过程的实验和分析［J］. 煤炭学报，2016，42（8）：1912-1922.

[235] Grzegorz L G. Evaluation of fracture processes under shear with the use of DIC technique in fly ash concrete and accurate measurement of crack path lengths with the use of a new crack tip tracking method［J］. Measurement，2021，181：109632.

[236] Haifan Y, Linjun L, Pizhong Q. Localization and size quantification of surface crack of concrete based on Rayleigh wave attenuation model［J］. Construction and Building Materials，2021，280：122437.

[237] Kai H, Licheng G, Hongjun Y. Investigation on mixed-mode dynamic stress intensity factors of an interface crack in bi-materials with an inclusion［J］. Composite Structures，2018，202：491-499.

[238] Liu R, Zhu Z, Li M, et al. Study on dynamic fracture behavior of mode I crack under blasting loads［J］. Soil Dynamics and Earthquake Engineering，2019，117：47-57.

[239] 朱婷，胡德安，王毅刚. PMMA材料裂纹动态扩展及止裂研究［J］. 应用力学学报，2017，34（2）：230-236.

[240] Zhu Z. Numerical prediction of crater blasting and bench blasting［J］. International Journal of Rock Mechanics and Mining Sciences，2009，46（6）：1088-1096.

[241] Dai F, Xia K, Tang L. Rate dependence of the flexural tensile strength of Laurentian granite［J］. International Journal of Rock Mechanics and Mining Sciences，2010，47（3）：469-475.

[242] Anderson T L. Fracture Mechanics：Fundamentals and Applications［M］. Florida：CRC Press，2017.

[243] Chen L, Kuang J. A modified linear extrapolation formula for determination of stress intensity factors［J］. International Journal of Fracture，1992，54（1）：3-8.

[244] Chen N Z. A stop-hole method for marine and offshore structures［J］. International Journal of Fatigue，2016，88：49-57.

[245] Razavi S M J, Ayatollahi M R, Sommitsch C, et al. Retardation of fatigue crack growth in high strength steel S690 using a modified stop-hole technique［J］. Engineering Fracture Mechanics，2017，169：226-237.

[246] Nateche T, Meliani M H, Matvienko Y, et al. Drilling repair index (DRI) based on two-parameter fracture mechanics for crack arrest holes［J］. Engineering Failure Analysis，2016，59：99-110.

[247] Song P, Shieh Y. Stop drilling procedure for fatigue life improvement［J］. International Journal of Fatigue，2004，26（12）：1333-1339.

[248] Ghfiri R, Amrouche A, Imad A, et al. Fatigue life estimation after crack repair in 6005 A-T6 aluminium alloy using the cold expansion hole technique［J］. Fatigue & Fracture of Engineering Materials & Structures，2000，23（11）：911-916.

[249] Vulić N, Jecić S, Grubišić V. Validation of crack arrest technique by numerical modelling

[J]. International Journal of Fatigue, 1997, 19 (4): 283-291.

[250] Domazet Ž. Comparison of fatigue crack retardation methods [J]. Engineering Failure Analysis, 1996, 3 (2): 137-147.

[251] Wu H, Imad A, Benseddiq N, et al. On the prediction of the residual fatigue life of cracked structures repaired by the stop-hole method [J]. International Journal of Fatigue, 2010, 32 (4): 670-677.

[252] Li D, Cheng T, Zhou T, et al. Experimental study of the dynamic strength and fracturing characteristics of marble specimens with a single hole under impact loading [J]. Chinese Journal of Mechanical Engineering, 2015, 34 (2): 249-260.

[253] Zhu T, Jing H, Su H, et al. Mechanical behavior of sandstone containing double circular cavities under uniaxial compression [J]. China Journal of Geotechnical Engineering, 2015, 37 (6): 1047-1056.

[254] Yang R, Xu P, Yue Z, et al. Dynamic fracture analysis of crack-defect interaction for mode I running crack using digital dynamic caustics method [J]. Engineering Fracture Mechanics, 2016, 161: 63-75.

[255] Wang Y, Yang R, Zhao G. Influence of empty hole on crack running in PMMA plate under dynamic loading [J]. Polymer Testing, 2017, 58: 70-85.

[256] Qiu P, Yue Z, Yang R. Mode I stress intensity factors measurements in PMMA by caustics method: a comparison between low and high loading rate conditions [J]. Polymer Testing, 2019, 76: 273-285.

[257] Hu S, Hu X. Experimental studies and performance analysis of wedge splitting for concrete specimens with cavity defects [J]. Hydro-Science and Engineering, 2017, 1: 1-9.

[258] 李盟, 朱哲明, 肖定军, 等. 煤矿岩巷爆破掘进过程中周边眼对裂纹扩展止裂机理 [J]. 煤炭学报, 2017, 42 (7): 1691-1699.

[259] 杨仁树, 许鹏, 岳中文, 等. 圆孔缺陷与I型运动裂纹相互作用的试验研究 [J]. 岩土力学, 2016, 37 (6): 1597-1602.

[260] Zhou L, Zhu Z, Qiu H, et al. Study of the effect of loading rates on crack propagation velocity and rock fracture toughness using cracked tunnel specimens [J]. International Journal of Rock Mechanics and Mining Sciences, 2018, 112: 25-34.

[261] Iqbal M, Kumar V, Mittal A. Experimental and numerical studies on the drop impact resistance of prestressed concrete plates [J]. International Journal of Impact Engineering, 2019, 123: 98-117.

[262] Yan P, Fang Q, Zhang J, et al. Experimental and mesoscopic investigation of spherical ceramic particle concrete under static and impact loading [J]. International Journal of Impact Engineering, 2019, 128: 37-45.

[263] Levi-Hevroni D, Kochavi E, Kofman B, et al. Experimental and numerical investigation on the dynamic increase factor of tensile strength in concrete [J]. International Journal of Impact Engineering, 2018, 114: 93-104.

[264] Zhao F, Wen H. A comment on the maximum dynamic tensile strength of a concrete-like

material [J]. International Journal of Impact Engineering, 2018, 115: 32-35.
[265] Zhuang Z, Liu Z, Cheng B, et al. Extended Finite Element Method [M]. Beijing: Tsinghua University Press, 2014.
[266] Erdogan F, Sih G. On the crack extension in plates under plane loading and transverse shear [J]. Journal of Basic Engineering, 1963, 85: 519-525.
[267] Ayatollahi M, Zakeri M. An improved definition for mode I and mode II crack problems [J]. Engineering Fracture Mechanics, 2017, 175: 235-246.
[268] Wang C, Zhu Z, Liu H. On the I — II mixed mode fracture of granite using four-point bend specimen [J]. Fatigue & Fracture of Engineering Materials & Structures, 2016, 39 (10): 1193-1203.
[269] Razmi A, Mirsayar M. On the mixed mode I / II fracture properties of jute fiber-reinforced concrete [J]. Construction and Building Materials, 2017, 148: 512-520.
[270] Mirsayar M, Razmi A, Aliha M, et al. EMTSN criterion for evaluating mixed mode I / II crack propagation in rock materials [J]. Engineering Fracture Mechanics, 2018, 190: 186-197.
[271] Feng G, Kang Y, Chen F, et al. The influence of temperatures on mixed-mode (I + II) and mode- II fracture toughness of sandstone [J]. Engineering Fracture Mechanics, 2018, 189: 51-63.
[272] Lang L, Zhu Z M, Wang H B, et al. Effect of loading rates on crack propagating speed, fracture toughness and energy release rate using single-cleavage trapezoidal open specimen under impact loads [J]. Journal of Central South University, 2020, 27 (8): 2440-2454.
[273] Kuruppu M, Obara Y, Ayatollahi M, et al. ISRM-suggested method for determining the mode I static fracture toughness using semi-circular bend specimen [J]. Rock Mechanics and Rock Engineering, 2014, 47 (1): 267-274.
[274] Fowell R, Hudson J, Xu C, et al. Suggested method for determining mode I fracture toughness using cracked chevron notched Brazilian disc (CCNBD) specimens [J]. International Journal of Rock Mechanics and Mining Sciences and Geomechanics Abstracts, 1995, 32 (1): 57-64.
[275] Chang S H, Lee C I, Jeon S. Measurement of rock fracture toughness under modes I and II and mixed-mode conditions by using disc-type specimens [J]. Engineering Geology, 2002, 66 (1/2): 79-97.
[276] Watkins J. Fracture toughness test for soll-cement samples in mode II [J]. International Journal of Fracture, 1983, 23 (4): 135-138.
[277] Bažant Z, Pfeiffer P. Shear fracture tests of concrete [J]. Materials and Structures, 1986, 19 (2): 111-121.
[278] Reinhardt H W, Ošbolt J, Shilang X, et al. Shear of structural concrete members and pure mode II testing [J]. Advanced Cement Based Materials, 1997, 5 (3/4): 75-85.
[279] Tuan H N, Otsuka H, Ishikawa Y, et al. Study on shear strength under direct shear of concrete test [J]. Japan Concrete Institute, 2006, 28 (1): 1529-1534.

[280] Yao W, Xu Y, Yu C, et al. A dynamic punch-through shear method for determining dynamic mode Ⅱ fracture toughness of rocks [J]. Engineering Fracture Mechanics, 2017, 176: 161-177.

[281] Rao Q, Sun Z, Stephansson O, et al. Shear fracture (mode Ⅱ) of brittle rock [J]. International Journal of Rock Mechanics and Mining Sciences, 2003, 40 (3): 355-375.

[282] Wang M, Wang F, Zhu Z, et al. Modelling of crack propagation in rocks under SHPB impacts using a damage method [J]. Fatigue & Fracture of Engineering Materials & Structures, 2019, 42 (8): 1699-1710.

[283] Wang F, Wang M, Mousavi Nezhad M, et al. Rock dynamic crack propagation under different loading rates using improved single cleavage semi-circle specimen [J]. Applied Sciences, 2019, 9 (22): 4944-4964.

[284] Liang C, Zhang Q, Li X, et al. The effect of specimen shape and strain rate on uniaxial compressive behavior of rock material [J]. Bulletin of Engineering Geology and the Environment, 2016, 75 (4): 1669-1681.

[285] Zhou Q, Zhu Z, Wang X, et al. The effect of a pre-existing crack on a running crack in brittle material under dynamic loads [J]. Fatigue & Fracture of Engineering Materials & Structures, 2019, 42 (11): 2544-2557.

[286] Ying P, Zhu Z, Zhou L, et al. Testing method of rock dynamic fracture toughness using large single cleavage semicircle compression specimens [J]. Journal of Testing and Evaluation, 2020, 48 (5): 3855-3870.

[287] Atkinson B K. Fracture Mechanics of Rock [M]. Amsterdam: Elsevier, 2015.

[288] Rice J R. A path independent integral and the approximate analysis of strain concentration by notches and cracks [J]. Journal of Applied Mechanics, 1968, 35 (2): 379-386.

[289] Freund L B. Crack propagation in an elastic solid subjected to general loading— Ⅰ. Constant rate of extension [J]. Journal of the Mechanics and Physics of Solids, 1972, 20 (3): 129-140.

[290] Aliha M, Ayatollahi M. Mixed mode Ⅰ/Ⅱ brittle fracture evaluation of marble using SCB specimen [J]. Procedia Engineering, 2011, 10 (1): 311-318.